U0188113

Rei Kawakubo+Andrew Bolton

REI KAWAKUBO/
COMME des GARÇONS:
ART OF THE IN-BETWEEN

［英］安德鲁·博尔顿 +［日］川久保玲 著　　王旖旎 译

川久保玲：边界之间的艺术

重庆大学出版社

过去的四十年里，在最重要和最具影响力的设计师中，Comme des Garçons 的创始人川久保玲（Rei Kawakubo）被大众普遍认为是一个革命性的人物。从 1981 年在巴黎的首次亮相起，她便模糊着艺术和时尚之间的界限，改变着传统对美、身份和身体的注解。

大都会艺术博物馆服装学院院长安德鲁·博尔顿构思操刀的“Rei Kawakubo / Comme des Garçons”展，是第一个关注设计师的思考过程，以及她对时尚在当代艺术概念中的角色的观点的专题展。这次展览和这本画册放弃时间维度采用了主题叙事，在不同主题之间和边界空白处，围绕川久保玲的经历编入了她颇具启发性的自述。从私人收藏处得来的 120 多套川久保玲为 Comme des Garçons 创作的女装设计，让我们得以窥见这个“时尚界的破坏分子”的设计理念的魅力。

博尔顿和川久保玲与大都会艺术博物馆设计部门一起，在瑞思和杰拉尔德坎托厅（the Iris and B. Gerald Cantor Exhibition Hall）共同构思完成了这个壮观的展览。这个同系列画册是博尔顿、川久保玲和 Baron & Baron 公司合作完成的。Baron & Baron 公司设计了本书的英文版，并委托尼古拉斯·艾伦·科普（Nicholas Alan Cope）、伊内兹－维努德组合（Inez and Vinoodh）、凯特琳娜·杰布（Katerina Jebb）、操上和美（Kazumi Kurigami）、阿里·马可波罗（Ari Marcopoulos）、克雷格·麦克迪恩（Craig McDean）、布里吉特·尼德梅尔（Brigitte Niedermair）、保罗·莱维希（Paolo Roversi）和科利尔·肖尔（Collier Schorr）创作了一些新的摄影作品。每位摄影师以其独特的视角，用前所未有的方式为服装注入了生命。

我衷心感谢我们的长期赞助商康泰纳仕集团（Condé Nast）对这次展览和画册出版的支持。同时也特别感谢大都会理事安娜·温图尔（Anna Wintour）对大都会艺术博物馆服装学院的巨大贡献，该部门的工作成效能够年复一年地不断达到新的高度便是得益于此。

“做了四十多年衣服，
我从来没想过关于时尚的问题。
换句话说，我对它不感兴趣。
我唯一感兴趣的是全新的、前所未有的衣服本身，
以及它们可以如何被呈现出来。
这是时尚吗？我并不知道答案。” 2014

“留白是至关重要的。” 1985

“我喜欢运用空间与空白。” 2000

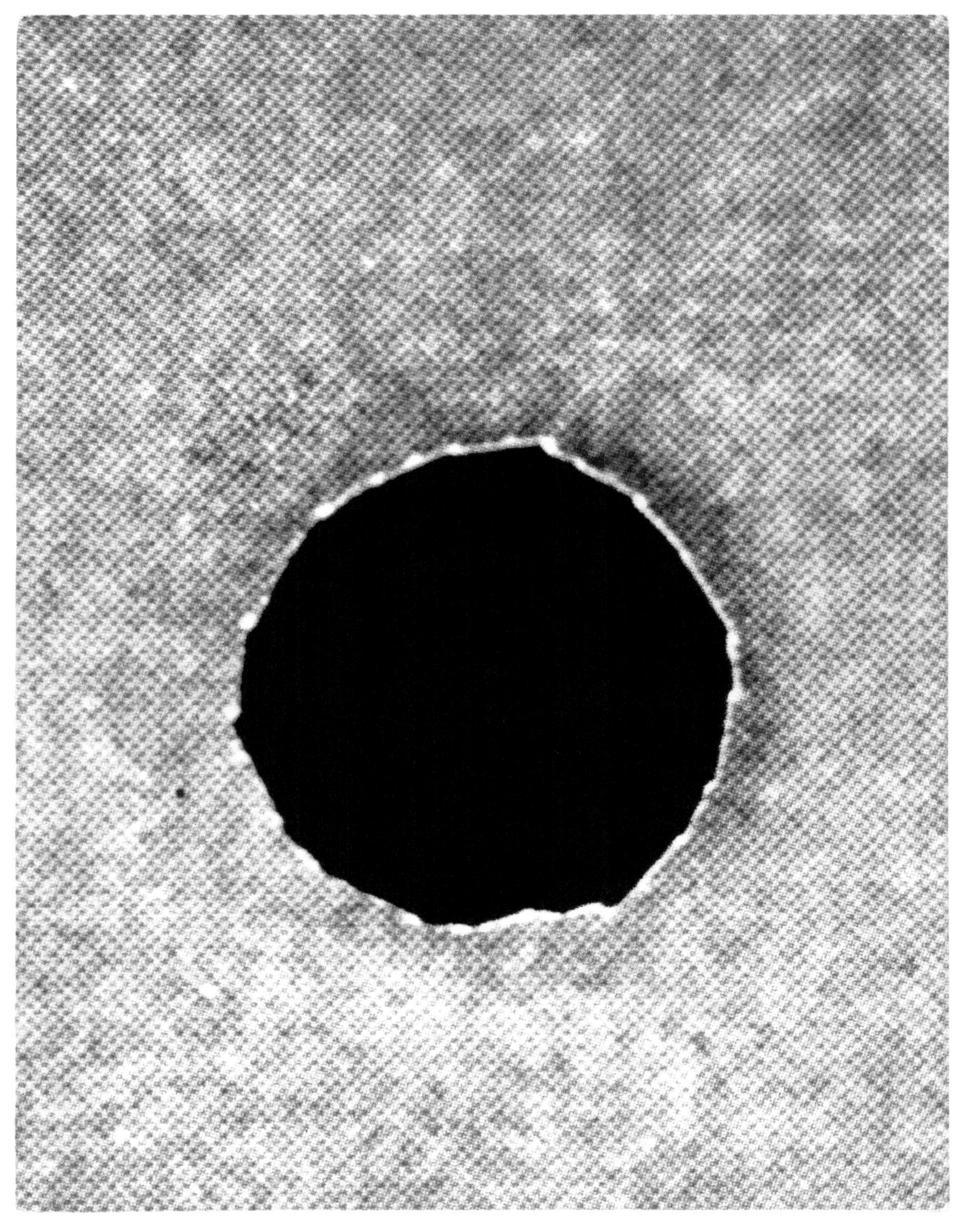

自 1973 年创立自己的品牌 Comme des Garçons 以来，出生于东京的设计师川久保玲向来固执地拒绝定义和阐释自己的服装。在她事业的早期，她曾谈起她所信奉的时尚：“意义就在于毫无意义。”（*The Independent*，1995）近来她也谈道：“我不喜欢解释服装，包括我如何制作它们，它们的主题，等等。因为服装本身就是你所看到和感受到的那个样子。”（Style.com/Print，2013）川久保玲同样不愿谈起她自己或披露一些她个人生活的细节，她说：“对每个细节好管闲事式的执迷着实令人诧异。通过一个人的作品去了解这个人也许是更好的办法。对于一个歌手，了解他最好的方式是听他唱歌。对于我，了解我最好的方式便是看我做的衣服。”（*Independent Magazine*，2001）

与设计师本人对私生活守口如瓶完全不同的是，川久保玲设计的服装蕴含着深刻的关于自身和自省的表达。她坦诚地说自己的时装设计受到自己“瞬间感悟”（*Vogue*[US]，1995）的启发。在 1999 年 *Arude* 杂志的采访中，川久保玲说：“每个时装系列更多的是我那一刻感受的表达，我内在的情绪，我的疑惑，我的恐惧和我的希望。”川久保玲说不想被历史和文化的参照所影响，相反，要从模糊的抽象图像中创造出新鲜的美之内涵。（*The Face*，1987）这抽象和内省结合影响下的创造物，不但超出了传统意义对服装的定义，也因其反对被解释和难以被解释，而令批评家们感到沮丧。这种不透明感不可避免地产生一定程度的“神化”效果，不论是通过新闻工作者，还是川久保玲本人。

每一季川久保玲都会为她的时装系列起一个简短的名字（在书后附录首次披露了这些名字的完整清单）。这些名字往往是设计师对她当季时装的唯一阐释。这些名字包括从散文体、描写性的话语（多见于其早期系列）到诗体和富于情感的表达（多见于其后期系列）。它们大多反映了设计师对形状、颜色、图形、图案、材料、技艺和装饰的不变的兴趣。这并不奇怪，因为川久保玲总是更愿意谈起时装的制作而非设计的意义。（她的这一倾向从本书引用的她的一些评论，尤其是再配合着目录和书后附录的照片，便能清楚看出。）但是，不像其他艺术家为其作品所取的用以阐释其意义的名字，川久保玲所起的名字像是故意挑衅似的模糊其意义。理想来说，最起码这些名字提供了一个可破译的密码，但若是糟糕的话，这会是令我们南辕北辙的障眼法。

川久保玲就像个谜。事实上，2008 年她在《星期日泰晤士报》（*The Sunday Times*，London）的采访中将自己的创作过程比作“禅宗公案”，就是禅师们用一个谜来评估学生获得启迪的程度。这确实是她的制版师们所经历的，他们期望仰仗着每场时装秀前设计师的只言片语来完成模特们的装扮。“我常用寥寥几字或一些细枝末节来向我的制版师传达一个概念。”川久保玲在 *Unlimited: Comme des Garçons*（Tokyo: Heibonsha）中解释道：“设计开始于我的同事们如何解读这些概念。我的制版师们正是在做设计。”川久保玲的首席制版师菊池洋子（Yoneko Kikuchi）补充道：“作为制版师，我们的工作就是把概念转化为现实。挖掘川久保玲脑海中的概念并为之赋形要花费太多时间……因此从我们每个人那儿汲取创意，并让大家的创意灵感不期而遇就显得至关重要。而后这些灵感汇聚成一股完整的力量。”川久保玲觉得她的制版师们是受她领导和启发的一个工会，也许更准确地说，制版师便是一心求禅的僧众，在每一季的设计中得到禅师川久保玲的点化。

川久保玲赋予她时装系列的题目——进一步讲，她的时装系列本身——可以看作是禅宗想要揭示解释的徒劳，更具体些，它是对理性观点的限制性进行解读。在禅宗哲学里，不合逻辑的话语和禅理充满矛盾的特点便是防止它们被无章法的思考或理智的推理所解读。事实上，这些禅理的目的就是通过挑战和颠覆认知理性来阻止理性及其分析性思维过程。最著名的禅理当是“无”了，“无”可以是载有无限义的空，包括否定、空虚和不存。作为一个重要概念，“无”遍布在禅宗的各种艺术形式中，如诗歌、绘画和茶道。它也是川久保玲作品的核心，早在 1985 年 *Interview* 杂志的采访中她便说："留白是至关重要的。"从一件轶事里可以清楚看出"无"在川久保玲的时尚中的核心地位。

当时还是英国国民日报 *The Guardian* 的时尚编辑的新闻工作者苏珊娜·法兰克尔（Susannah Frankel）第一次采访川久保玲时，她让川久保玲阐释一下当季的时装系列"身体邂逅服饰—服饰邂逅身体（Body Meets Dress-Dress Meets Body，1997 春夏系列）"。那曾是，且至今仍是川久保玲最具挑战性和争议性的时装系列之一，所以当时法兰克尔的要求并非毫无道理。法兰克尔对川久保玲的反应的描述后来成了时尚界的一段传奇："她一声不吭地坐着，用黑色的钢笔在一张白色的碎纸片上画了一个圈，然后就走了。"[《澳洲人周末》（*The Weekend Australian*），2001] 可以理解，法兰克尔将川久保玲无声的回答看作是对她自己的神秘莫测和那个时装系列的不可言说的下意识表达。而事实上，川久保玲通过一个圆圈符号——在禅宗里被称为"圆相"，有启蒙之意——是在传达包括"身体邂逅服饰—服饰邂逅身体"在内的所有时装系列的本质意义：无。

要真正领悟和欣赏川久保玲作品中"无"的意义，还要与"间"的概念联系起来。也如"无"一般，"间"有千万般含义，像间隙、间隔、缺口、时间和空间。2000 年川久保玲获得哈佛大学设计研究生院颁发的优秀设计奖，在 *Talk* 杂志上发布的一篇文章中，川久保玲论证了"间"的重要性和它与"无"在她的时装设计中的互补关系："我喜欢运用空间与空白。"在她的作品中，"间"和"无"碰撞成"边界之间"这一概念，即实体或边界之间的空间。这中间的空间揭示着其自身的一种美的敏感性，是一个视觉上模棱两可且飘忽不定的域，在其中产生并完成一种边界之间的艺术。

这个目录和相关展览罗列了川久保玲时装系列的八个突出并反复出现的关于"边界之间"的美学表达：时尚 / 反时尚，设计 / 无设计，典型 / 多样，彼时 / 此刻，高 / 低，自我 / 他者，客体 / 主体，衣服 / 非衣服。在以上的每组词汇中，斜线象征着对立物内部或对立物之间的间隙。对川久保玲来说，间隙让她得以挑战传统对诸如此等二分法的解释，揭开我们理解力的局限。她打破了二元间已逐渐被视为浑然天成，但实则乃社会和文化强置于其中的虚假的隔墙，暴露其矫饰与荒唐。作为她的时尚宣言，间隙不但是有意义的连接和共存的基点，也是革命性创新和转变的圆心，给予川久保玲取之不竭的创造与再创造的可能。

在"时尚 / 反时尚"和"设计 / 无设计"两章，川久保玲的边界之间的艺术正式亮相。"时尚 / 反时尚"着眼于设计师 20 世纪 80 年代早期的时装系列，由于这些设计抛弃了西方时尚界盛行的金科玉律，它们首次亮相巴黎时引起了批评家们激烈的反应。对于川久保玲的边界之间的美学，这些时装设计是功不可没的，它们通过设计师非彩色的（主要是黑色的）调色盘显示了"无"的概念，又用超大号、无形状、宽松的外形创造出的额外空间表达了"间"的概念——这是一种留白——在皮肤和布料之间，在身体和衣服之间。"无"和"间"的概念汇聚在川久保玲这一阶段最具代表性的一件设计作品上：一件布满了洞的黑毛衣，来自她 1982/83 秋冬系列，因彼得·林德伯格（Peter Lindbergh）的一组照片而声名鹊起（见 24-25 页）。设计师把它叫作"蕾丝"（lace）毛衣。"对一些人来说它们是破洞，但对我来说不是。"她在 1983 年对《底特律自由报》（*Detroit Free Press*）解释道，"他们是赋予布料另一维度的入口。"

川久保玲的"蕾丝"毛衣不仅是"无"和"间"的汇聚产物，也是"侘（wabi）"和"寂（sabi）"共生的结果，这两个概念主要作用于"设计 / 无设计"这一章。同"无"一般，"侘"和"寂"是根植于禅宗的美学原则；它们与 16 世纪千利休（Sen Rikyū）发展出的茶道紧密相连。在茶道中，"侘"

即凋零与无常，“寂”则是寒与简。对于佛教徒而言，“侘—寂”是对不对称、不规则、不完美的欣赏，这与川久保玲同好。“世人过于看重一些光滑的、打磨过的图案，”1992 年设计师对 *Vogue*（US）杂志言道，“我展示一些未完成的衣服，暴露出它们的结构，是为了彰显一些简单的和不完美的事物的价值。”批评家们常把川久保玲描绘成一个后现代主义者，错把她对服装结构技艺的揭示认定为解构。事实上，正如她在这篇介绍后的那篇对谈中所说的，川久保玲是一个典型的现代主义设计师，她通过不断探索和发展的创意概念或者说是她所称的“崭新事物”，热烈地展现着其现代主义设计师这一身份。

除了她对独创性的追求，川久保玲与现代主义先锋派还有几个相同的关注点，主要体现在独创与复制、精英主义与流行文化的紧张关系上，前者通过设计师 2004 春夏系列“抽象的卓越（Abstract Excellence）”，在“典型 / 多样”一章铺陈开来。这 34 件裙装的特点，是每一件都与下一件略有不同，这强势宣告着独一无二的艺术与大生产的商品间动荡易变的联系。“高 / 低”则完全不同，它用川久保玲的两个时装系列检验着精英主义和流行文化间变化着的晦暗不明的关系。一个是她的 2005 春夏系列，结合了芭蕾短裙与皮夹克，尝试着缝合高雅的芭蕾艺术和世俗的机车亚文化。川久保玲管这个系列叫“哈雷 - 戴维森爱上玛戈・芳婷（Harley-Davidson loves Margot Fonteyn）”（*International Herald Tribune*, 2004）。街头文化的美学语言长久地令川久保玲着迷，以“高 / 低”为特质的第二个系列在高低品位的悖论表达中融合了朋克和恋物癖风格。使用诸如尼龙、涤纶等看起来便宜、粗劣和通俗的材质，她颠覆了对高品位的标准注解，暴露了精英主义的偏见和小资做派。

川久保玲关于“边界之间”的革命性实验是现代性的演变正在进行的典型例证。这个概念在“彼时 / 此刻”一章展开，检验了设计师与时间的关系，这是现代主义先驱们的另一个关注点。虽然川久保玲声称每个系列她都在求索中“从零”开始，最终“制成一件未经任何现存文化或时尚浸染的衣服”（*The Face*, 1987），但事实上她仍在历史中寻找着灵感。从“彼时 / 此刻”一章可以明显看出，她倾慕 19 世纪夸张的轮廓，尤其是裙撑和衬裙的结构。然而，在川久保玲手中，这些轮廓又如此激烈且深刻地被重新组配，以至于历史也在其中消失殆尽了。其实，她的时装也利用强烈的即时性强调此地与此刻。川久保玲质疑时间的连续性，在“彼时 / 此刻”一章中，她对假定的生命节奏——出生、婚姻、死亡——的质疑由她“破碎的新娘（Broken Bride, 2005/06 秋冬系列）”“白色戏剧（White Drama, 2012 春夏系列）”和“分离仪式（Ceremony of Separation, 2015/16 秋冬系列）”呈现出来。这些系列认为个人的自由只有在社会生活和传统舞台的间隔——生存的裂缝——中才能被实现，因此颠覆着编码于出生—婚姻—死亡连续统中的意识形态。

在川久保玲的作品中，除了创造与再创造，间隙也为杂交状态与杂交行为提供了空间，“自我 / 他者”和“客体 / 主体”两章主要研究这些概念。前者通过东方 / 西方、男人 / 女人、孩子 / 成人的二元对立探索混杂的身份认同，反驳传统意义上种族、性别和年龄定义的界限。在以“东方 / 西方”和“男人 / 女人”为特征的时装系列中，川久保玲通过结合东方的和西方的、阳刚的和阴柔的设计挑战了传统中人种和性别认同的界限（一般来说，是通过编织制作东方风格和女性化的衣服，或剪裁西方风格和男性化的衣服来定义）。在“男人 / 女人”部分展示的时装中，通过融合像是裤子和裙子这样性别分明的服装风格，性别认同被进一步模糊。“孩子 / 成人”关注的时尚设计，不仅颠覆着适龄衣着，更涉及了“可爱（kawaii）”，这是日本流行文化里带有玩乐性和表演性的一个核心概念。正如川久保玲所说：“成年人常常忘记该如何保持好奇。”（*The Independent*, 2007）

相较于“东方 / 西方”，“男人 / 女人”和“孩子 / 成人”探索了混杂的认同感，“客体 / 主体”检验了混杂的身体。它主要关注川久保玲 1997 春夏系列“身体邂逅服饰—服饰邂逅身体”，这一系列被设计师认为是她“最令人满意”的作品［*Vogue*（Japan），2001］。该系列通过少女蓝色和泡泡糖粉色格子布等多种颜色和图案的尼龙—聚氨酯弹力鸭绒棉衣，对身体的穿着提出了激进的反思。大多数填充物被不对称地排列，在背部、颈部、胸部、肩膀和大腿、腰腹、臀部创造出球形的膨胀，进而造成一种畸形的错觉，驳斥着定义时尚身体的传统语言：平坦的腰腹，纤细的大腿，小巧性感的臀部，饱满紧致的胸部。整合物质与材料，这些神秘的轮廓在可爱与古怪、甜美与惊悚、美丽与怪诞间盘旋。当回顾这个系列时，批评家们谈及这些肿块和驼背就将其称为“隆与肿”，这个绰号不仅意指生病的、走形的、本质上怪异的身体，也暗示着英国设计师乔治娜·歌德利（Georgina Godley）1986 年以填充内衣为特征的时装系列“隆与肿（Hump and Bump）”。从形态上看，川久保玲的设计不仅模糊了身体和衣着的界限，更重要的是模糊了主体和客体的边界，设计师将二者展现为一种相容（而非互斥）的关系。

混杂与杂交——川久保玲革命性实验自然且不可避免的产物——在“衣服 / 非衣服”一章得出其合理的（或者不如说非逻辑的）结论。着眼于川久保玲七个最新的系列，这一章被细分为“形 / 用”（2014 春夏系列）、“美丽 / 怪诞”（2014/15 秋冬系列）、“战争 / 和平”（2015 春夏系列）、“存 / 失”（2015/16 秋冬系列）、“真实 / 虚构”（2016 春夏系列）、“秩序 / 混乱”（2016/17 秋冬系列）、“抽象 / 具现”（2017 春夏系列）。与“身体邂逅服饰—服饰邂逅身体”系列中怪异并肿胀的设计相似，“衣服 / 非衣服”一章展示的时装不但驳斥着关于女性身体的固有印象，也颠覆着对女性之美和女性认同的既存话语。这个系列展现了川久保玲最激进、意义深远甚至越轨的设计，是时尚界前所未有的，相较于“身体邂逅服饰—服饰邂逅身体”系列也许有过之而无不及。川久保玲早期的“衣服”设计已预示了她最新七个系列的主题，这些设计以插图的形式展示在“非衣服”相应部分。“衣服”部分的设计仍坚持它们作为衣服的可行性，而“非衣服”的设计则从服装的限定要求中分裂出来，仅作为美学和概念的表达存在。

形式上，“衣服 / 非衣服”系列的设计与雕刻、概念化的表演艺术异曲同工。然而，川久保玲总是否认自己艺术家的地位：“我不过是一个恰巧从事时尚工作的职业人员。”［*ELLE*（France），1998］虽然她一直拒绝给自己贴上“艺术家”的标签，但川久保玲最近开始将时尚看作是一种艺术了。“当时尚被创造力驱动时，我认为它可以被称为一种艺术形式，”她 2015 年在 *Interview* 杂志上说道，“只要这个东西是前所未有的，我不介意人们称之为艺术。”

这一供认为川久保玲打开了一个新的间隙：时尚 / 艺术。然而这仍是设计师的处女地，至少在自我意识上，川久保玲长久以来关注和探索的是另一个间隙领域：时尚 / 商业。从她的职业生涯开始，她就将时尚的创造力和商业性看作是统一体。面对沃霍尔（Warhol）“艺术的下一阶段是商业艺术”的说法，川久保玲评论说：“在创造性和商业性间找一个平衡点是我一直以来的使命。这二者并不是必然对立的。”（*H&M Magazine*，2008）其实，川久保玲的边界之间的艺术最本质和有力的宣言便在这时尚 / 商业的间隙之中。

Rei

2016年11月在东京，安德鲁·博尔顿通过同声传译完成了与川久保玲的此次对谈。

川久保玲（Rei Kawakubo）：我讨厌采访。

安德鲁·博尔顿（Andrew Bolton）：我知道，但这更像是一次对话。

RK　这就是文字游戏罢了。

AB　好了，我们开始吧。之前有很多博物馆邀请你去做展览，都被你婉拒了。为什么现在觉得可以了呢？

RK　我一直想着等我不在了的时候也许有人会做一个 Comme des Garçons 的展，但是最近我得出一个结论，与博物馆合作办一个 Comme des Garçons 的展还是有必要的。

AB　可以作为一个范例？

RK　对，这样的话，等我不在了人们还可以以它为模板。当然，我不想人们复制它，我只是想提供一个参考。

AB　从你设计生涯开始，你就宣称——有时甚至是叫喊着——你的作品不是艺术，你也并非艺术家。我就很好奇为什么你会选择跟一个艺术博物馆合作而不是选择一个设计或装饰艺术博物馆呢？

RK　对我来说，这些区别是非本质的。我很尊重历史和传统，但人们却快速地给了我一个反叛者的标签。

AB　在合作刚开始的时候，我们聊到在 The Met vwzreuer 展出的可能，在看了它的画廊之后，你却说更倾向于 The Met Fifth Avenue 里临时的展览空间。你能解释下你的决定吗？

RK　The Met Breuer 作为一个建筑来说我很喜欢，但其画廊的限制性和规范性太强了。我想和大都会博物馆合作创造出一套令人觉得惊异并具有挑战性的东西，并且我觉得 The Met Fifth Avenue 画廊的中性更有利于创造出一些不同凡响的东西。

AB　在我们之前的谈话中，你很清楚地表示直接与大都会博物馆和它的团队合作展览的设计内容。你不想要任何第三方的设计师或建筑师。

RK　我没法看到我的衣服放在别人设计的空间里。我的衣服和它们所处的空间是密不可分的——它们是一体的，是统一的。它们传达着相同的构想、相同的信息、相同的价值观念。

AB　是，我承认并欣赏你的服装和你的建筑环境之间这样一种意味深远的联系。它们是共生的，是一件完整的艺术品：一件总体艺术作品。

RK　是的，它们是一体的。它们共享同一个创意。

AB　对我来说，你的服装不是简单占据着你的空间，它们是生活在其中。一旦被移走，那它们就会变得死气沉沉。但就策展选择和策展叙事而言，让其他人设计这个空间有诸多坏处。这不可避免地会造成你的服装和环境框架的分离。

RK　让我接受你的管理很难。

『川久保玲（Comme des Garçons：边界之间的艺术』展览设计模型（俯视视角），2017年

AB　是，你作为创作者的心情我完全理解。然而跟当代艺术家合作时，博物馆需要管理的自主权。而且，当然我知道这也许听起来有些不合逻辑，但是关于一个展览，艺术家并不总是他们作品最好的评判者。

RK　怎么说？

AB　也许最显著的是关于对象的选择。当我筹备亚历山大・麦昆（Alexander McQueen）的展时，我参加了一个麦昆生前自己筹备的秀。大部分时候，他选择的展出对象有很强的个人化和主观性叙述。

RK　比如呢？

AB　麦昆的好友模特凯特・莫斯（Kate Moss）穿的一件裙子。说起艺术性，这件裙子倒没什么特别，但它对麦昆来说是独特的。我想我试图传达的是，相对于艺术的卓越，艺术家有时候会优先考虑情感。

RK　是很有趣。

AB　在我们讨论策展选择和策展叙事之前，我想先研究一下展览的设计构想。你可能不太记得这个惯例了，但是在设计的一开始，你问我对未来作品的设想是怎样的。我当时回答得很模糊，说它应该是在一个介于有形与无形的空间里。

RK　是的，当我开始跟大都会博物馆一起着手设计时，我的目标是创造一个全新的、前所未有的空间。

AB　完全没有参照吗？

RK　一个在时空上与任何东西都无关的设计。未来当有期待，而我想要一个丧失预期的设计。

AB　所以这单纯是你对原创性无尽追求的另一种表达 —— 也就是你所说的“新奇”？

RK　对，就是关于创造力，纯粹的创造力。这就是为什么我觉得 The Met Fifth Avenue 画廊的中性那么的吸引人。它们是未经修饰的、不偏不倚的，这有利于我与大都会博物馆去传达我的创造力量。

AB　但是除去创造性，它一定是有意图的。

RK　意图？

AB　对，目标。

RK　我跟你的目标是一样的：创造一个令人感到激励和兴奋的空间，更重要的是，可以启发灵感，振奋人心。

AB　关于你希望你的服装如何被体验？

RK　对。

AB　在设计过程中，我们详细地讲到提供一种便于个人与展览中的物品亲密接触的体验。

RK　我想要所有的衣服在地板上公开地无障碍展出，人们可以触摸它们，但是博物馆说考虑到安全因素不能如此。

AB　展品的安全是一个问题。但是我也觉得，那个创意在 1987 年纽约时装技术学院（Fashion Institute of Technology）博物馆举办的展览“三个女性：玛德琳・维奥内特，克莱尔・麦卡德尔，川久保玲（Three Women: Madeleine Vionnet, Claire McCardell, and Rei Kawakubo）”中你已经用过了。对我而言，将艺术品围起来的解决方案绝不会损害最初让个人与时尚互动的意图。事实上，这会加强这种亲密感，它也增加了一种惊喜元素。

RK　对，我也这样认为，还有一种私人和秘密感。

AB　我希望参观者在展览中体验一次发现之旅。

RK　但是你知道这个空间有点让人晕头转向吗？你认为人们会在展览中迷路吗？

AB　这次展览提供一次沉浸式的体验，迷失是体验的一部分。根据策展，有一条明确的路通过展览，并且会有清楚的标志。但是人们在进入这个空间时会拿到地图，然后他们就自由了 —— 事实上，这是我们所鼓励的 —— 忘记自己的路，发现自己的发现。虽然特定的主题与总体的策展叙事有关，但它们也是独立的，可以被分开解读，像是一本书中独立的、不连续的各章节。因此，实际上，你选择哪条路参观展览没什么要紧的。

RK　你的疯狂背后是有条理的。

AB　这句话对接下来谈到策展是个很好的过渡。

RK　那是场战役。你准备谈我们的斗争吗？

AB　当然。从一开始，你都坚决认为这次展览不是回顾式的。

RK　是的，我不想要一个回顾展，但是你已经把它变成了回顾展。

AB　我没有。这个展既没有对你的作品做历史性概述，也没有按时间顺序组织。这些都是回顾的典型特征。你为何如此反对回顾的形式呢？

RK　回看我四十年前，甚至是五年前做的衣服对我来说都是十分困难的。我认为所有的艺术家都不喜欢回看他们的作品。

AB　我想他们大部分都不喜欢。至于你，就尤其艰难了。从你事业的早期，当你说出你引用率最高的宣言“从零开始”到“做前所未有的东西”，你一直在坚定地尝试着永不回看，一直向前。鉴于你对过去的否定，我可以想象为什么一场回顾式的展览是不能接受的。

RK　我明白回顾一个艺术家作品的价值，尤其是对像大都会艺术博物馆这样的组织，但是对我来说这是件不可能的事。对于我的作品，唯一的出路就是不回看。对我来说，有很多我所做的衣服是令我后悔的，或者说如果让我再做一次会与之完全不同。

『川久保玲/Comme des Garçons：边界之间的艺术』展览设计模型，2017年

AB　不同？

RK　对，如果我有更多的时间。总是要归结到时间。

AB　展览中有几个系列有很大的争议。

RK　很多个系列："方形（Square）"，"坏品位（Bad Taste）"，"杂音（Cacophony）"，"开花的衣服（Flowering Clothes）"，"抽象的卓越（Abstract Excellence）"，"破碎的新娘"……

AB　"破碎的新娘"？我知道另一个系列，但我不知道"破碎的新娘"。

RK　正如我所说，很多系列，很多次妥协。对我来说，人们要明白"破碎的新娘"太容易了。对于我勉强同意纳入其中的"白色戏剧"，我也有同样的感受。有一些系列我不喜欢是因为从今天来看它们已经算不上新鲜，也有一些系列我不喜欢是因为它们好像从来都算不上是全新的——这就是我对"破碎的新娘"的感觉。新娘是已存的概念。而另一方面，18世纪朋克是个新概念。

AB　朋克存在于18世纪。奇装小子（the Incroyables），他们的前辈——热月政变中穿着花哨的街头斗士（the Muscadins）和异服少女（the Merveilleuses）实际上都是朋克，因为他们的衣着、行为习惯与既定的正统观念是对立的。

RK　那，你可以把18世纪朋克列入清单了。

AB　但是有几个系列是你坚决拒绝把它们放进展览的，像是你20世纪90年代早期的几个系列："好奇（Curiosity）"，"自由编织（Free Knitting）"，"种族设计（Ethnic Couture）"，"新要点（New Essential）"，"变形（Metamorphosis）"。我觉得我们最激烈且拖延最久的讨论集中在你20世纪80年代早期的时装系列，那个时候你刚把你的秀从东京搬到巴黎。

RK　我最终在这上面妥协了，因为我觉得它们依旧是强烈的。

AB　是，即使是对于那些最感疲惫的时尚权威来说，在概念和审美上它们依旧令人惊喜。它们也是那些从一开始就追随你的人们感性上的最爱。

RK　其他的就比较单薄了——至少对我而言是这样——这其实是我想说的。当我回看我的系列设计时，很多衣服都不如我此时正在做的这些。二者之间的差距是巨大的，这令我悲叹。因此所有这些令人后悔的东西——我都不想看到，不想感觉到，甚至不想提起。

AB　你曾坦率地说你的系列设计是如何作为你个人感受和情绪的表达的——你的恐惧、希望、怀疑和渴求。你也说，"不历经苦难便生发不出任何全新的东西"，"创造都源于绝望"。你的服装某种程度上是你的日记，这只会让你对反思你之前的设计感到焦虑。

RK　我只能把我的感受比作人们在晚年反复思量着自己曾经的错误。当然，事后再回想，我们总会作出完全不一样的选择和决定。但时间是无法倒流的。

AB　时间不但会规范曾经带有挑衅性、越轨的时尚，也会磨平真正革命性和创新的设计。我们变得对最初被视为与众不同的东西视而不见。在过去的几年，创新变得不可见，它们被吸收进日常的时尚话语。但是很多这次展览的参观者是第一次看到你的服装。他们大多数人会如最初的观众那样觉得这些设计足够大胆和令人震惊。

RK　但是我已经继续向前走了。你必须接受我从纯粹个人的角度说，我不想要回看，我只想去展望，去创造前所未有的衣服。

AB　你不断地追求"新奇"是在追求完美吗？

RK　是在追寻于我而言的完美，并非追求一种绝对的、无所不包的或是普遍的完美的表达。

AB　所以你是在跟自己较劲？

RK　你永远无法逃离自己。我对自满有一种恐惧。我会害怕——如果有某一瞬间——我满足于一些东西，那便是结束了。

AB　所以满足是一个你自设的不可能选项？

RK　是，我永不允许自己感到满足。但是除了不想变得满足，我也从未是满足的，我从未感到满足。

AB　但是一定有一些时装系列是比其他系列更令人满意的。这个展览中一定有一些系列，看到它们被展出你更开心，至少更舒服。

RK　"身体邂逅服饰—服饰邂逅身体"大概是我最满意的系列之一。

AB　为什么？

RK　因为这个系列在当时是非常新的。我对"压碎（Crush）""融合（Fusion）""二维（Two Dimensions）""群聚之美（Clustering Beauty）""装饰之内（Inside Decoration）""无限剪裁（The Infinity of Tailoring）""暗黑罗曼史（Dark Romance）""蓝色女巫（Blue Witch）"也有相同的感觉。

AB　有趣的是，最常与你联系起来的系列，是那些不但通过挑战对美的传统标准提出了对身体独一无二的见解，还通过挑战传统制模技艺对服装提出了激进构想的设计。

RK　它们是当时最新和最石破天惊的时装系列——产生了最极致反响的设计，不论是积极的还是消极的。

AB　如果让你来策划自己的展览，哪些系列是你想要展出的？什么是你理想的策展选择呢？

RK　我会涵盖进从2014春夏系列开始我最新的七个系列。它们与我现在的思维同处一地，同属于此时此刻。

AB　艺术家们只想展出他们近期的作品是十分常见的。对我来说，你最新的七个系列像是彼此相连的。它们看起来像是一部奥德赛史诗，也像是对你四十多年设计生涯的某种歌功颂德式的总结。你会如何展现这些时装系列呢？

RK　按时间排序，但是我不会用穿在模特身上排成一排这样寻常的方式展示这些衣服。我会用独特且不寻常的一套设计，并且会加入一些与这些时装系列无关的展品。

AB　你曾在一次采访中说过，你喜欢你的服装能在其中移动的三维式展览。

RK　是的，我非常愿意做一个三维式展览，可以移动、解释和表达设计的那种展览。

AB　对我来说，你的2014春夏系列设计——你史诗的首章——代表着你事业的第二次决裂（rupture，与以往的设计决裂，有彻底转型的意思），从制作衣服本身转向制作你所谓的“适合身体的东西”。第一次决裂是在1979年，距离你在巴黎初次亮相还有两年，当时你开始创作对你来说是前所未有的，脱离了时装谱系的衣服。

RK　“史诗”是你的说法，不是我的。但我同意：我的2014春夏系列标志着第二次决裂。第一次决裂，正如你所说，发生在1979年，那时我开始创作更具方向性的时尚设计。在此之前，我的衣服被认定为颇受日本民俗的影响。

AB　很遗憾我没能劝说你把那些衣服的几个案例放进这次展览。它们可能会让你20世纪80年代早期的时装更具革命性和煽动性。

RK　我已经做了足够多的妥协。但是要谢谢你收录了我最新的七个时装系列并且把它们放在一起。我喜欢你用之前系列的案例来展示它们的方式——先导，正如你如此称呼它们。我认为它们加深了衣服/非衣服之间的裂痕。

AB　你能说说是什么引发了你的第二次决裂吗？

RK　当我感到自己再也无法创造出任何新的东西，除非我从根本上改变我的思想。当你做了四十多年衣服，你便很难从你的经验的负累中逃脱。你的过往让你疲惫，并且阻止你向前走，妨碍你创造出新的东西，那些所有人，甚至我自己都未曾见过的东西。我感觉自己遇到了瓶颈，而跨过去的唯一办法就是改变我的思维过程，拒绝我以往的创作方式，否定我过往的经验。

AB　在几个采访中，你都提到了尝试把自己置于别人的位置上，用别人的方式思考。

RK　是，这正是我对我的制版师们所说的，把自己置于与你想法全然不同的人的思维模式中。一个局外人。

AB　局外人？

RK　与“局外人艺术运动”有关的人。我对局外人看待世界的方式几乎是嫉妒的和羡慕的。我想要透过他们的眼睛看看这个世界。我曾希望有一种新型的迷幻剂能够让我透过局外人的眼睛以一种全然不同的方式看看这个世界。我曾认真地觉得我不可能再创造出新的东西，除非我成为一个完全不同的人，一个拥有完全不同的观点、想法和经历的人——基于一种全新的生活，一种远离时尚的生活。我想着新的思维方式会引领我走向全然不同的方向，一个远离衣服的方向。我感到创造出全新东西的唯一方式就是不要从制作衣服出发。

AB　我认为，原创力——这现代主义的号角——响彻整个展览，而不仅仅是关涉你最新七个系列的后半部分。你所说的“新奇”——现代主义先锋派的典型特征——是你的时尚设计自从巴黎首次亮相之后不变的特征。

RK　批评家们常说我是后现代主义者。

AB　有观点认为你的作品是后现代主义的，可能大部分是解构主义的。但即便是这种后现代的修辞，在你的服装中多是以强调结构的技艺呈现出来，而非解构。你自己也曾说：“我不是在破坏东西，我是在重建……我展示未完成的衣服并揭示它们的结构。”将注意力吸引到服装的结构上，这正如同你的宣言：“这才是服装。”

RK　我希望人们离开这个展览时会认为我是个现代主义者，因为这是真的，我是个现代主义者。为什么你不围绕着现代主义建构你的主题呢？作为题目，“一个真正的现代主义者”会比“边界之间的艺术”更让我开心。然后你可以关注你已经提到的两次决裂，1979年和2014年，作为反映创新的起点。这更简单点，不是吗？

AB　在我们合作的一开始我确实这么建议过，但是你比较犹豫，因为这会用到一种与传统回顾式相似的方法，这是你从一开始就强烈反对的。除此之外，围绕你的间隙实验——边界之间的空间，构建这次展览，能够让我从概念上更深入地论述你的现代性。

RK　怎么说？我认为你的主题是关于二分法的。

AB　是，它着眼于你如何打破传统二分法——被归一为自然化和制度化的二元对立——之间错误的隔墙。它的目的在于揭示你的作品是如何在挑战这二元的僵硬和造作的同时，溶解和解决它们。我探索过的一些二元对立是现代主义先锋派的本质特征，比如说典型和多元之间的联系、精英主义和流行文化的关系。

RK　但是那是你的主题，不是我的。

AB　这是受到你两句话的启发：“留白是至关重要的”和“我喜欢运用空间与空

白”。你常把你的创作过程描述为给自己设限，这些边界是你之后极力要推倒的：“我要把自己推向一个死角，然后找到一条跨越围墙的路。”

RK 这仍然是你的解读。

AB 你曾经说：“我创造的东西就是为了供他人解读的。”

RK 没错，但是我并不一定非要喜欢他们的解读。

AB 这我无法辩驳。虽然很大程度上，策展人的角色就是要去解读。

RK 我知道，那是你的工作，我也理解。从根本上说，一开始你就给自己设置了一个不可能的任务。我从来就不喜欢我的衣服被解读，所以对于你的解读我不会感到舒服，不论你的观点如何。你没法提出任何令我开心的东西。从本质上说，我从不想我的作品是可被理解的。

AB 当我在展开“边界之间的艺术”这个主题时，我不断回想你 1995 年在英国《独立报》（*The Independent*）上说过的一句话：“意义就在于没有意义。”

RK 那是很久之前了。

AB 但它让我想起苏珊·桑塔格（Susan Sontag）1996 年发表的文章《反对阐释》（*Against Interpretation*）。桑塔格争论说一件艺术作品的形式价值由于对意义的强调——一种过分强调——而减弱了。她相信这种对基于内容的阐释的强调减弱了主观性，并且鼓励一种对艺术品理性的而非感性和灵性的欣赏。她有句名言说，阐释已成为“理性对艺术的报复”。在我看来，桑塔格对艺术品内容或意义的否认与你颇有共鸣，并且我考虑过无阐释地展出你的服装。

RK 我应该会很喜欢。

AB 当然，那可能会更诗意。但是我对桑塔格的立场有些困惑。我认为形式主义者和基于内容的阐释不必是矛盾且不可和解的。对一件艺术作品的主观的和情感的反响可以与客观的和理智的回应并存。内容或意义为探索提供了动力。它唤醒了好奇，并且作为一个策展人你是想要唤起好奇的。

RK 唤起好奇是好的，没错。

AB 边界之间的艺术的主题是我的解读，但这仅仅只是一种解释。这仅仅是想要提供一种方向感，一条通往你的设计的道路，去鼓励其他个人化的解释。它绝不是绝对的或普遍的。事实上，他是故意通透地，甚至是有些高明地去鼓励而非抑制主观性的自由。

RK 我希望你是对的。

AB 我发现这次展览的设计是边界之间的艺术的一次实验。

RK 怎么说？

AB 它是内在矛盾的。它提倡明晰和模糊，对设计有明确的展示，也有一定的缺失。

RK 缺失？

AB 是，设计启发一种意义的虚无。

RK 在日语里，我们叫“mo”，意思是“虚无”。

AB 空间的颜色——白色——似乎满足这种虚无的感觉。它也激发内省和沉思。

RK 你不觉得这个空间唤起了一种克制感吗？

AB 是的，也有一种持重与谦逊。存在着一个不明确的精神维度。但结构的规模传递着威严与宏伟。正如我所说，这个空间是内在矛盾的。

RK 我很高兴你为这个展览的设计找到一个精神维度。这令我高兴。我希望其他的人也有相似的反应。我把这个展览的主题留给批评家们。

AB 批评家们是大都会服装学院三十多年来还没有承办过一个当代时尚设计师专题展览的原因。

RK 我不明白。

AB 1983 年戴安娜·弗里兰（Diana Vreeland）做了一个伊夫·圣·罗兰（Yves Saint Laurent）的回顾展。这个展被一家时尚出版社称赞，却因为商业化被一家艺术出版社诋毁。

RK 但是所有的艺术都是商业的。它一直都是商业的——事实上，今天比以往更甚。

AB 是的，但是在 20 世纪 80 年代早期艺术批评家们仍旧坚持着 19 世纪对艺术的定义，尽管事实上，在杜尚（Duchamp）之后，在达达主义艺术家和沃霍尔之后，仅将一种文化产品定义为艺术是有问题的。我恐怕大都会博物馆听从并让步于批评家们了。

RK 这是耻辱的。为什么大都会博物馆改变了这种立场呢？

AB 时尚的态势发生了变化，不论是在艺术世界还是在大都会博物馆。越来越多的人承认艺术和时尚有着相似的创作动机，它们中的任意一个都革新着我们的美学感知。但是我必须说，不是所有的时尚都是艺术——而且，也不是所有的艺术都是艺术。你是过去和现在的少数能在艺术博物馆里举办专题展览的设计师之一。这要求一个设计师的服装作品能够支撑起一场专题展览。

RK 很高兴听到你这样说，谢谢。但是，真的，为什么这如此重要呢？发现不同如此重要吗？

AB 像你这样的设计师，指出了艺术与时尚有史以来一直至亲相争的荒谬。你们提倡一种没有过时的等级制度和贬义分类的艺术，即由坦率性、批判性和当代性来定义的艺术。但是我必须问问，作为继 1983 年伊夫·圣·罗兰之后第一个在大都会艺术博物馆举办专题展的当代设计师，你是什么感觉？

RK 正如追寻它的时尚史观一样，我希望以后大都会博物馆可以与当代设计师更频繁地合作。时尚毕竟是一种鲜活的艺术形式。

"三年前，
我对我在做的事情变得不满足。
我觉得我应该做些更具方向性、
更有影响力的东西。
我们必须摆脱 20 世纪 20 年代或 30 年代所做的东西的影响。
我们必须逃离民俗文化。
我决定从零开始，从无开始，
去做出前所未有的，
有着强烈想象力的东西。" 1982

"我不是在对抗时尚。
这是另一回事，另一个方向。" 1983

『圆形橡胶（Round Rubber）』，1984春夏系列"，摄影：田沼武能（Takeyoshi Tanuma），1983年

"我不喜欢展示我自己或我的名字。你必须通过我的衣服了解我。"1982

『海盗（Pirates）』，1981/82秋冬系列，摄影：久留幸子（Sachiko Kuru），1981年

“我给我的品牌起一个法文名字是出于一些美学原因——它预示着颜色会是柔和的，一如运用在男性服装中的那样，不像许多女性时装中那样艳丽，而且我喜欢法语的韵律。”1982

『海盗』(Pirates)，1981/82 秋冬系列，摄影：久留幸子，1981 年

“我选择 Comme des Garçons 这个名字是因为我喜欢这个声音。
这对我来说并不意味着太多，我并未刻意地推销自己，这也是为什么我没有用自己的名字。”1992
“我不认为自己是个设计师。那是个生意，是一群人在一起工作。我想要一个能代表整个团体的名字。”1987

“我对裸露身体的服装不感兴趣。我喜欢包裹的构思，就像中东地区的衣服那样。” 1982
“我不是在做适合任何特定身体的东西。我考虑的是另一回事——形状。我的手稿图是一些线索。包裹着身体的是布料，那才是个人化的。” 1983

『洞（Holes）』，1982/83 秋冬系列，摄影：彼得·林德伯格，1982年

“[西方的紧身衣] 特别无趣。我为超越这种无趣的女性 —— 那些纽约街头无家可归的女人 —— 设计衣服。” 1982

“我的衣服是给今天的女性穿的。她是独立的。她不被丈夫的想法所左右。她可以主宰自我。” 1982

『洞（Holes）』，1982/83秋冬系列，摄影：彼得·林德伯格，1982年

“对一些人来说它们是破洞，但对我来说不是，它们是赋予布料另一维度的入口。这些剪碎的图样可以被看作是蕾丝的另一种形式。”1982

『洞（Holes）』，1982/83秋冬系列，摄影：彼得·林德伯格，1982年

“现在织布的机器能做出越来越匀称无瑕的质地。
我喜欢不完美的东西。手工编织是实现它的好方法。
因为我们总是会在这儿或那儿掉个链子，所以我们不能准确做出我们所期待完成的东西。” 1987

『拼凑与X（Patchworks and X）』，1983春夏系列，摄影：彼得·林德伯格，1983年

“解构、重建等，都是媒体赋予的说辞。
在我的工作中我尽力去做的是摒弃那些先入为主的想法（比如，关于语言或时尚）
以便用新的技艺去创造出全新的东西。”1998

「手套，裙装，绗缝大衣（Gloves, Skirts, Quilted Big Coats）」1983/84 秋冬系列，摄影：汉斯·弗雷尔（Hans Feurer），1983年

“[我最明确的灵感来源是] 我一生中曾见过的各种布料 —— 常常是一些与服装相去甚远的东西。比如，一张纸，一块毛毯。[对于 1983/84 秋冬系列，我的灵感来自] 很久以前我童年时期的一些东西 —— 我曾经玩过的一种皱皱巴巴的纸板。” 1983

『手套，裙装，绗缝大衣（Gloves, Skirts, Quilted Big Coats）』，1983/84秋冬系列，摄影：汉斯·弗雷尔，1983年

“[我 1983/84 秋冬系列的] 轮廓是相似的。但是那不意味着它在任何方面都被限制。
[比如，精简的轮廓可以通过] 把一块方形的布料在特定的地方打结而赋予它形状、比例和平衡 [来实现]。” 1983

『手套，裙装，绗缝大衣（Gloves, Skirts, Quilted Big Coats）』，1983/84秋冬系列，摄影：亚瑟·艾格特（Arthur Elgort），1983年

"我一直觉得黑色很舒服。" 1984

"众人明显已经忘了我 20 世纪 80 年代初在巴黎展示黑色之时，还没有人运用过它。黑色曾是葬礼的颜色。" 1997

『手套，裙装，绗缝大衣（Gloves, Skirts, Quilted Big Coats）』，1983/84 秋冬系列，摄影：亚瑟·艾格特，1983年

“[黑色] 并不完全是 [我] 最喜欢的颜色。它只是 [我感觉] 最强烈的颜色。我是不是 [喜欢] 都无关紧要，但 [我就是觉得] 黑色是最强烈的颜色。” 2013

『圆形橡胶（Round Rubber）』，1984 春夏系列，摄影：彼得·林德伯格，1983年

“[在 1981 年把我的时装带来巴黎] 是一个事业上的决断。
在此之前的八年我已经在东京构建了 Comme des Garçons 的骨架，但想要得到更多的关注度并扩展事业，
我必须去巴黎。[一开始很难得到关注是因为] 我对要如何去做一无所知。” 2001

『圆形橡胶（Round Rubber）』，1984春夏系列，摄影：彼得·林德伯格，1983年

“[西方世界对 Comme des Garçon 发布会的反应并不] 令我吃惊…… 我知道……
绝不会是一个全体一致的这样或那样的反应…… 如果我当时做的是…… 能立马被每个人明白的，
那么我将不会真正地成功。我不想仅仅是成立另一个时尚品牌而已。我想要发出一个新的宣言。”2004

『编织，丝绸+毛衫，针织（拼凑）（Twist, Silk+Jersey, Knits（Patchworks））』，1984/85秋冬系列，摄影：彼得·林德伯格，1984年

“对于被归类为‘又一个日本设计师’我不是很开心。没有什么特征是所有日本设计师共有的。每个设计师都是有独特品位的个体。”1983

“我不是作为一群日本设计师中的一个代表来到巴黎的。‘日本势力的入侵’这个概念是媒体提出的。”2006

『编织，丝绸 + 毛衫，针织（拼凑）（Twist, Silk+Jersey, Knits（Patchworks））』，1984/85 秋冬系列，摄影：彼得·林德伯格，1984 年

“虽然 [当我还是个孩子的时候] 我从来没有挨过饿，但我十分清楚地记得那个时代极度的贫穷和破败。然而这与我的作品没有丝毫关系。那些批评家们都说错了…… 成长于战后的日本造就了我这个人，但这并不是我从事这个工作的原因。那是非常私人化的事情——一切都来源于内心。” 2015

『编织，丝绸+毛衫，针织（拼凑）（Twist, Silk+Jersey, Knits（Patchworks））』，1984/85 秋冬系列，摄影：彼得·林德伯格，1984 年

“我从未刻意地开始一场变革。
我去巴黎只是为了展示我所认为的强大和美丽，碰巧我的观念与其他人不同而已。”2005

『编织，丝绸+毛衫，针织（拼凑）（Twist, Silk+Jersey, Knits（Patchworks））』，1984/85 秋冬系列，摄影：彼得·林德伯格，1984 年

“传统的观念已经存在了很长一段时间。我自己并未意识到这点，但我在巴黎发现了一些有趣的东西。然而那是些他们在那儿所不想承认的东西。对于那些希望坚持自己价值观的传统主义者来说，这是很麻烦的。不久之后，那些曾被深恶痛绝的东西被认可成美丽动人的东西。”2005

摄影：尼古拉斯·艾伦·科普

"传统意义上对时尚设计的想象
是一个在桌子上画画草图，
审查一下材料并想想该如何处理材料的工作。
这不是我所做的事情，
所以我真的不想把自己称作一个设计师。
从现在起，
设计应该在一个更广泛的意义上被认知。" 2005

"对我来说，
设计不全是与设计相关。
'没有设计'
对我来说也是一种设计。" 2012

“我没有被限制在一种模式之中。没有被教育，没有被教过如何设计，
我可以以一种完全不同的背景来构想。并且我似乎仍然能够利用非传统的东西。”1993
“我像个雕刻师完成他的雕塑一般伏案完成［我的 2013 春夏系列］的时装系列。它是我亲手完成的。”2012

『拼凑与X（Patchworks and X）』，1983春夏系列，摄影：彼得·林德伯格，1983年

“有些设计师会画出详细的草图并制作出一种完全基于此的图案。
我开始只画出一个十分抽象的图纸，然后制版师需要能够据此解释出我想做什么…… 他们将有所创造。”1990

“有一次［川久保玲］给了我们一张皱皱巴巴的纸，说她想要一个具有那种特质的衣服式样。还有一次她……说起一个大衣式样，需要有枕头套那样正在被拽出填充物的特点……那一转变时刻的本质就是，一半在里面，一半在外面。”未提及姓名的制版师，1990

“我常用寥寥几字或细枝末节来向我的制版师传达一个概念，
设计开始于我的同事们如何解读这些概念。我的制版师们正是在做设计。”2005
“这个概念可能是愤怒、能量或使得某种东西形状变得怪异的渴望。
除此之外，我不再向我的同事阐释更多。我们都是从此开始。”2005

『古怪』(Eccentric)，1994 春夏系列

“作为制版师，我们的工作就是把概念转化为现实。挖掘川久保玲脑海中的概念并为之赋形要花费太多时间……
因此从我们每个人那儿汲取创意，并让大家的创意灵感不期而遇就显得至关重要。
而后这些灵感汇聚成一股完整的力量。”菊池洋子，执行 / 设计总监，2005

『群聚之美（Clustering Beauty）』，1998 春夏系列

“我一直追寻一种新的思考设计的方式，通过否定已被普遍接受为标准的价值观和传统。
而且，一直以来对我最为重要的表达模式，是未完成的、不平衡的、融合的、消解的和无意图的。”2016

『群聚之美（细节）[Clustering Beauty（detail）]』，1998春夏系列

“我不是在打破什么，我是在重建。世人过于看重一些光滑的、打磨过的图案，我展示一些未完成的衣服，暴露出它们的结构，是为了彰显一些简单的和不完美的事物的价值。”1992

『群聚之美（Clustering Beauty）』1998 春夏系列

“未完成的东西有一种特别的美。它让服装能预见自己的未来。”1998

『群聚之美（细节）（Clustering Beauty（detail））』，1998春夏系列

“我们把 1998 春夏系列叫作‘群聚之美’。它通过重复与堆叠唤起了一种美与力量。”1998

『成人朋克（Adult Punk）』，1997/98 秋冬系列

“[对于 1997/98 秋冬系列]，我的想法是，从一些完美的东西开始，然后倒退回去。”1997

『成人犯罪（Adult Delinquent）』，2010 春夏系列

“有如此多的东西是包含美的，没有人将什么是美固定下来。比如，不能说对称就必然是美的”。1999

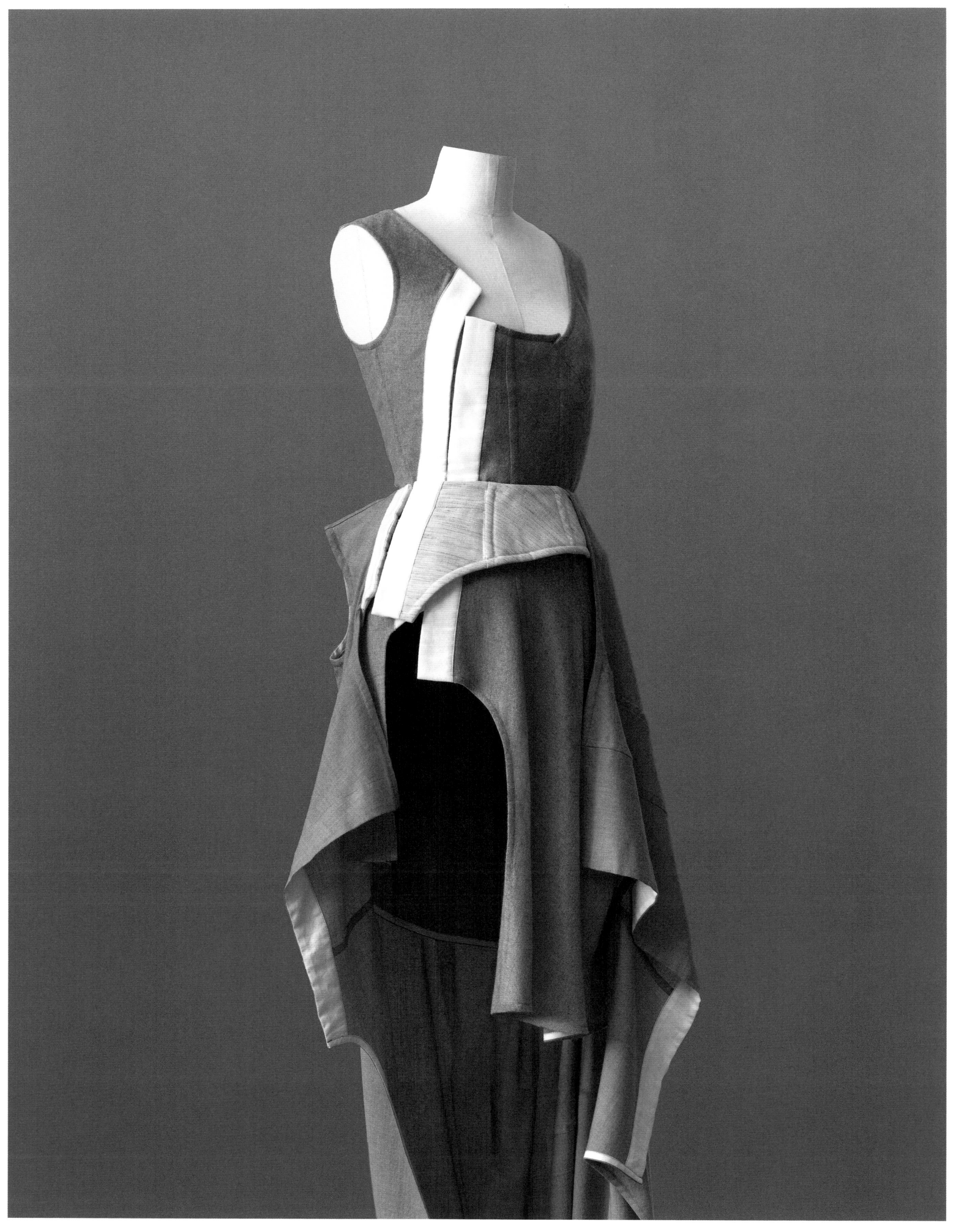

“失衡更让我感到舒服 —— 不平衡和不对称。并且从最开始的时候我是想要分享和表达这些的……
但是我所做的是尽力去创造一个整体的平衡，因为我致力于展示整体的想象，而不是一个偶然或随机的世界。” 1993
“[对于 1998/99 秋冬系列，我力图] 通过融合创造出强大的能量。” 1998

『融合（Fusion）』，1998/99 秋冬系列

“保持平衡对我来说很难。好的服装在整体长度、袖子长度、胸衣和整体外表上都有一个很好的平衡。
Comme des Garçon 的衣服表达了一种革新和奇怪的想法，
但是从创作者的观点来看，它们是好看的……因为它们充满了创新的想法。” 桥本和一郎（Tetsuya Hashimoto），制版师，2005

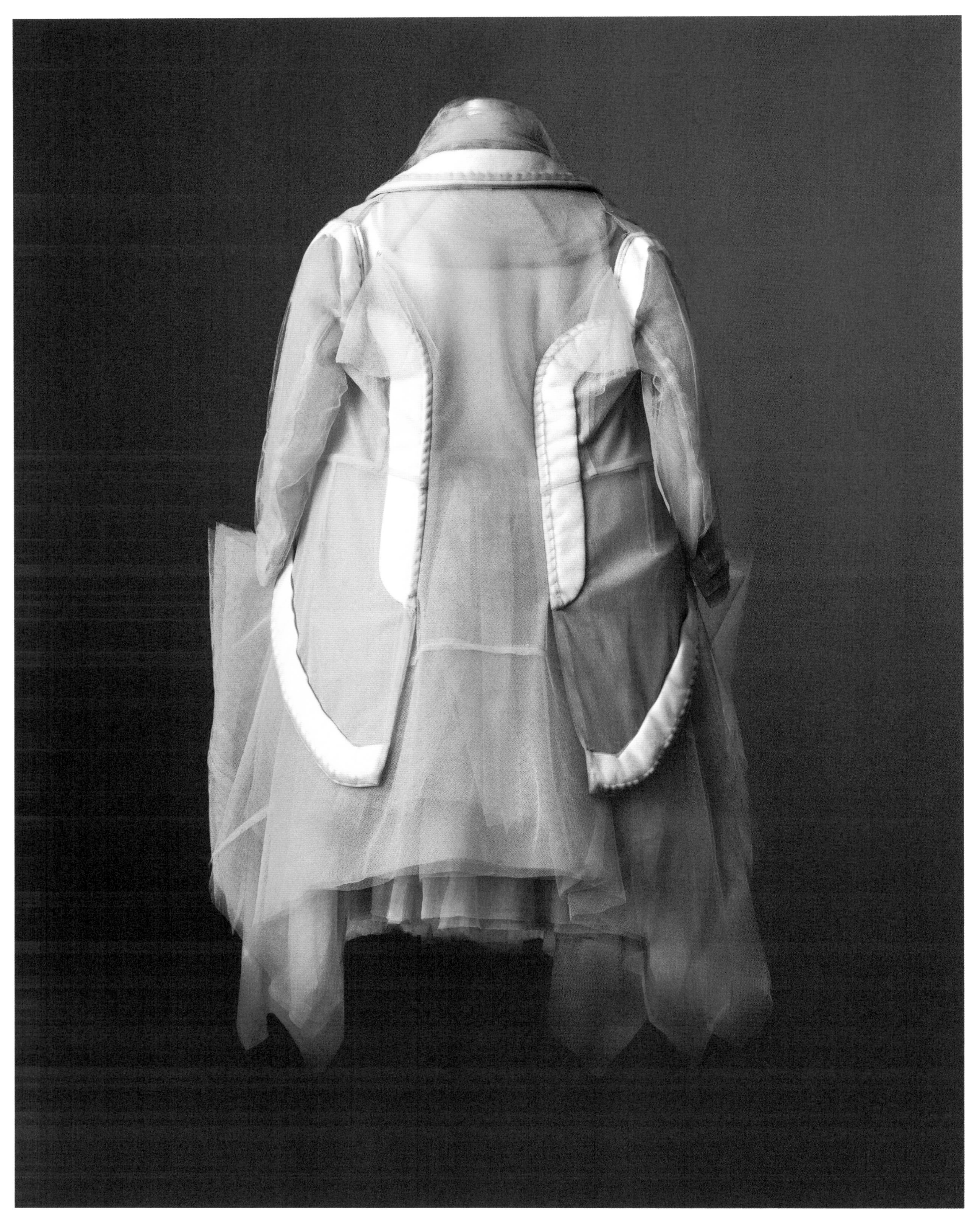

『仙境（Wonderland）』，2009/10秋冬系列

“设计氛围意味着未成形之物也有设计的特质。
你会发现一些新的东西是通过互相影响、重叠，甚至偶然产生的。
设计正如此一般宽广且具有影响力，但是未成形之物常被认为是毫无价值的……如果你正在找寻一些新的东西，
你就必须认可一些无形的东西。”2005

『仙境（Wonderland）』，2009/10 秋冬系列

“[关于我的 2009/10 秋冬系列]，我感兴趣的是一个不存在的世界：一个幻境，一个时尚仙境……穿上一块长方形的布当作衣服是主要的设计元素。[我用裸色薄纱] 让你看起来好似只穿了半片衣服：幻觉的表达。”2009

“我不是创作注定要被挂在墙上的
孤品的那种艺术家。
这是一种注定要以穿着为目的
的商业行为。
所以我身处一个不能为所欲为的世界。” 1993

“时尚不是艺术。
你可以把艺术出售给一个人，
但时尚是呈系列的，
它是一种更社会化的现象。
它也是一种更私人化和个体化的东西，
因为你表达了你的个性。
时尚是一种主动参与，艺术是被动的。” 1998

摄影：尼古拉斯·艾伦·科普

『抽象的卓越（Abstract Excellence）』，2004春夏系列

“我意识到衣服是注定要被穿着并被售卖给特定一群人的。这是成为画家或雕刻家与服装设计师的区别。在某种意义上，这是个十分商业化的领域。
不幸的是，我的时装系列只关心和关注十分少数的创意，这是个商业难题。
我尝试着变得更多样，但是我不能——那不是我的方式。”1984

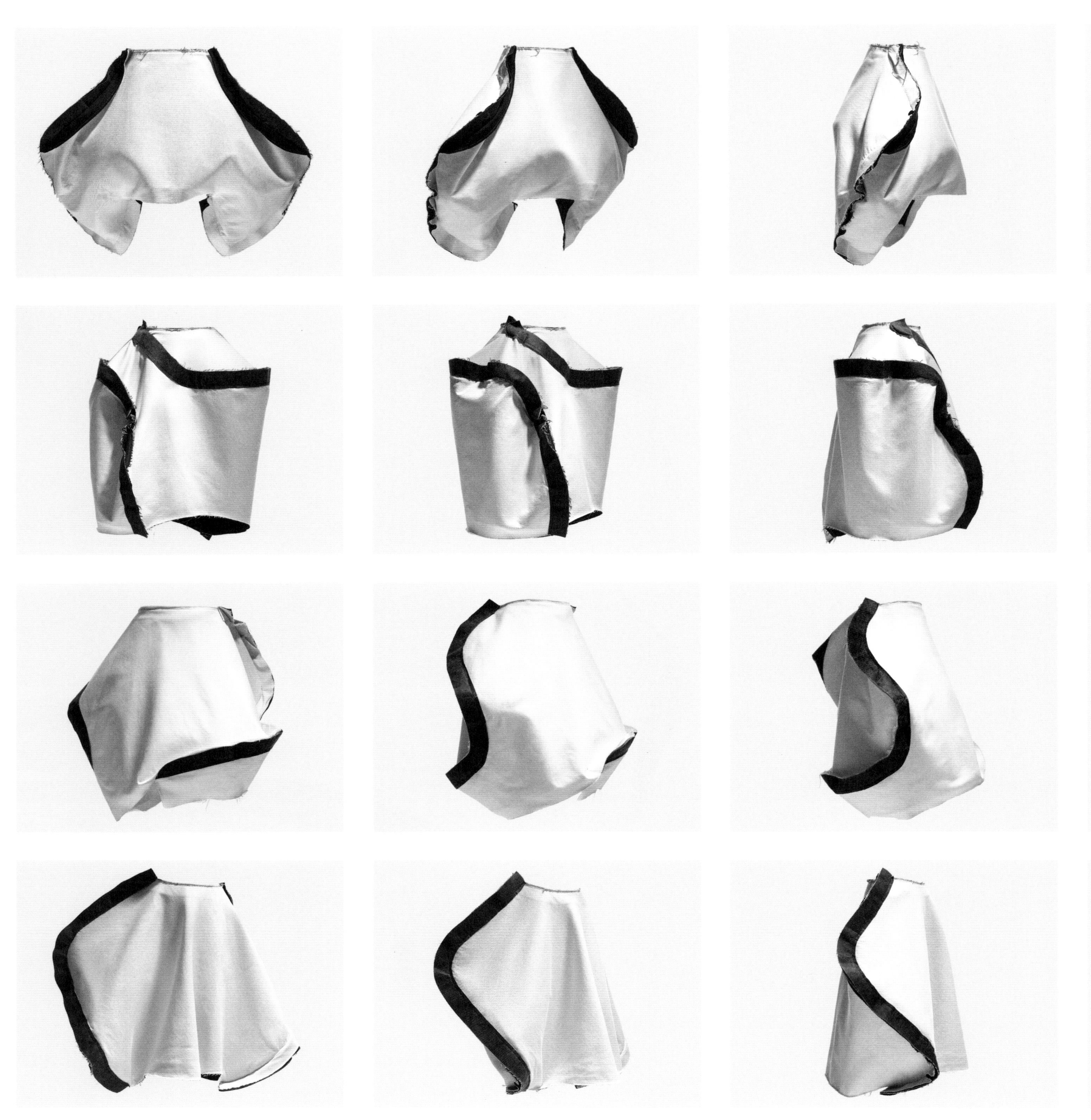

“这个图案没有任何实质的说法，它们完全是抽象的。” 2003

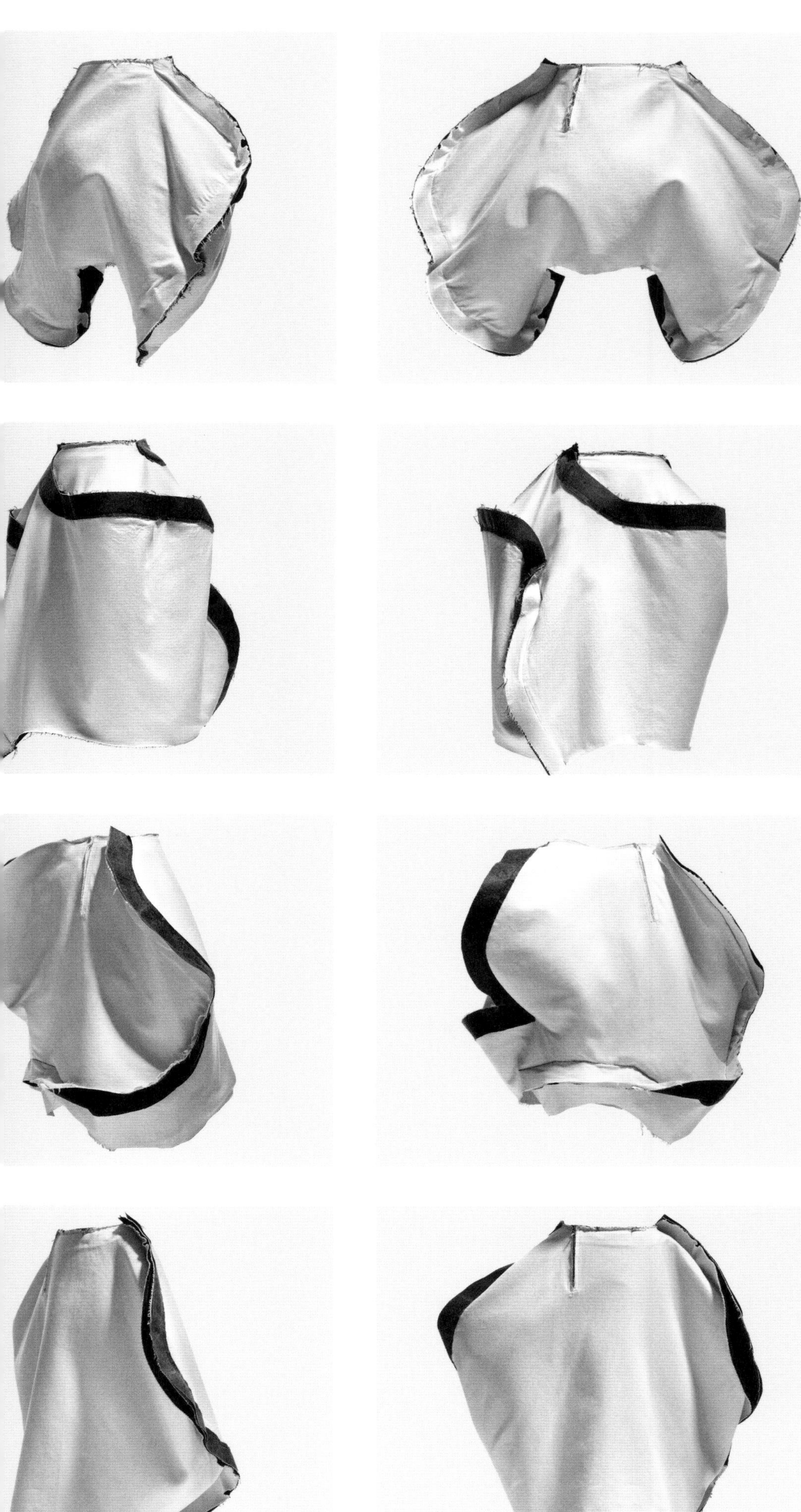

“几片黑色的‘包边’是双面印制的无纺聚酯材质，这便形成了挺立的、雕刻般的布料。”2003

“[我 2004 春夏系列的关注点是] 从无形的、抽象的、触摸不到的形式出发的设计，不考虑身体。能最好地表达这个系列构思的就是这条裙子。” 2003

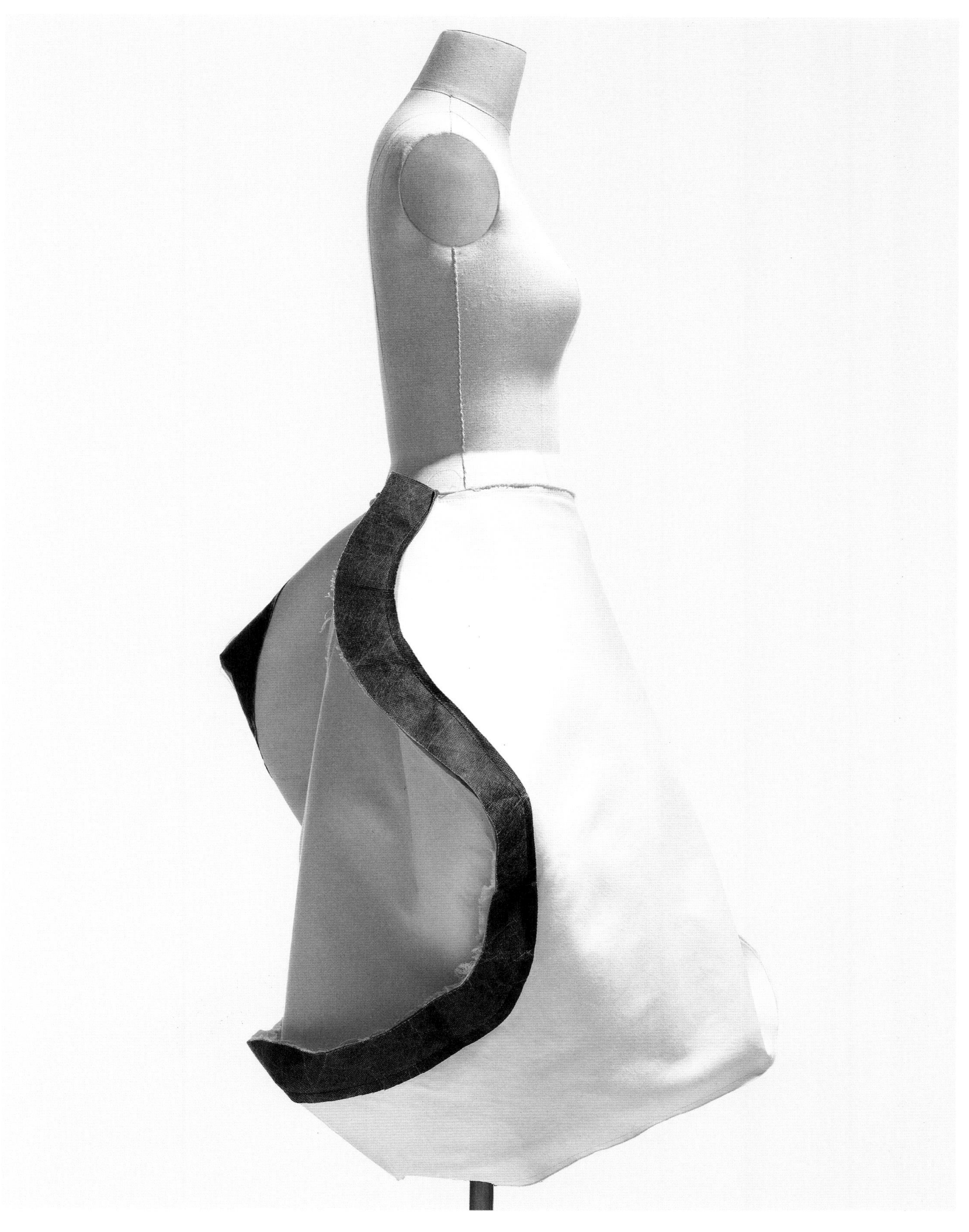

『抽象的卓越（Abstract Excellence）』，2004 春夏系列

“我使用了不同的抽象形状，并且［我］常常不知道结果会是怎样的。
这有很强的实验性，设计的技艺也是非常抽象的。
完全‘抽象’的创作过程造就了具有强烈抽象感的设计。”2003

『抽象的卓越（Abstract Excellence）』，2004春夏系列，摄影：莎拉·莫恩（Sarah Moon），2004年

“秀中的模特戴着南非纳米比亚的赫雷罗族人的传统头饰。它们牛号角的形状是赫雷罗族人表示牛的标志。它们产自纳米比亚的首都温特和克。我们发现了一家当地的布料供应商，然后我就选择了这种布料。”2016

『抽象的卓越（Abstract Excellence）』，2004春夏系列，绘画：Julien d'Ys，2003年

“不论何时我们与川久保玲一起工作，都是先有一个小秀。在这里，她回顾自己的设计，……我们则第一次看到她当季的时装系列。我坐在一把椅子上，开始画这些衣服的设计。都是些非常简单的画作，基本上就是每个模特经过时的一张草图。就是说，那时候，我完全没有在思考我想要做什么［发型设计］。但是当秀结束的时候，一些想法就突然出现在我脑海中了。” Julien d'Ys, 2005

“在过去几年，
我的视觉关注点在不同的形状上，
我一直觉得不被传统、
风俗或地域所限制是十分重要的。
我希望在用形状、
颜色和材质来表达一种流动性的概念时，
不受这些影响。
为达到这一效果，
我必须对组成元素进行试验……服装是基于——面料制作。
从这里开始，
思考形状、形式和局部与结构之间的关系，
简言之，
是身体以令人兴奋的方式占据空间。

摄影：凯特琳娜·杰布

『现代甜心（Modern Sweetness）'』1990/91 秋冬系列

"[我的 1990/91 秋冬系列] 所有的灵感就是间棉的合成面料…… 我的目的就是要与众不同。"[1990]

『甜过糖果（Sweeter Than Sweet）』，1995/96 秋冬系列

“在一个大秀前的四到六个月，[川久保玲] 会打电话给我谈谈她已有的想法。
这通常是一次非常概略的谈话；有时就是一个词…… 近来她的用词变得柔软一些，有点甜美。
也许她变得柔和了，这反映在语言和面料上。”松下宏（Hiroshi Matsushita），面料开发，1990

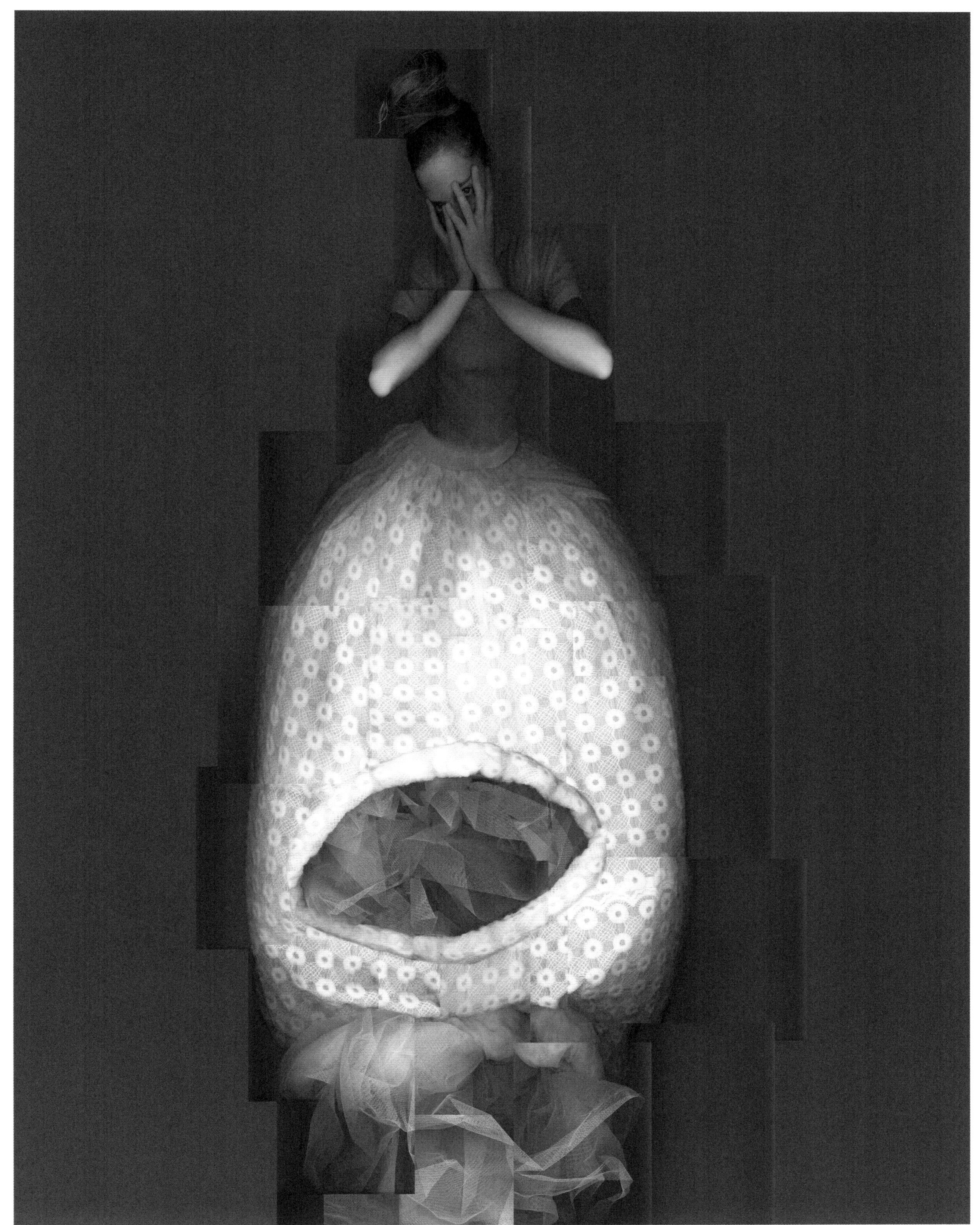

『甜过糖果（Sweeter Than Sweet）』，1995/96 秋冬系列

“[对于我的 1995/96 秋冬系列]，我想表达的是极度的甜美，一种几乎是超负荷的甜美。” 1995

“从甜美的东西中汲取的能量对身体、思维和精神是有好处的。” 1995

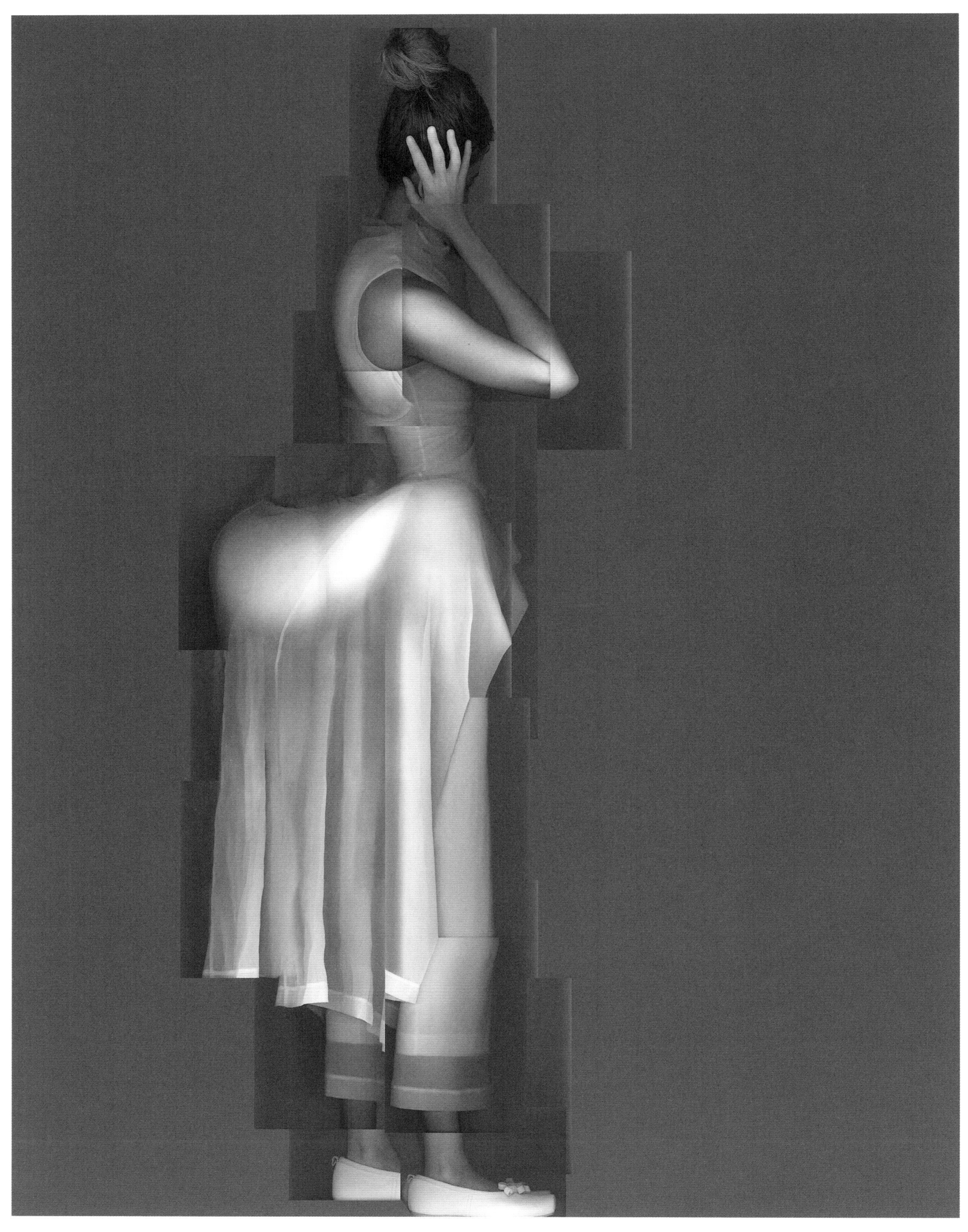

『身体邂逅服饰—服饰邂逅身体（Body Meets Dress—Dress Meets Body）』, 1997 春夏系列

“我们曾去参加一个 [庆祝] 法国大革命两百周年的服装设计展。
[后来川久保玲想要] 下个系列的面料以某种方式反映那个展览的精神…… 事实证明，
在那个特定的系列里最终没有任何东西以那种方式呈现，但是它让我们开始行动。” 松下宏，面料开发，1990

“我喜欢借鉴历史，然后推陈出新。”2004

“[我的右脑] 喜欢传统和历史，[左脑] 想要打破规则。”2005

『白色戏剧（White Drama）』，2012春夏系列

“我的工作既不是理性的，也并非智力活动。它只与我的感受、直觉、困顿和恐惧相关。
每次我都努力去创造一些全新的、前所未有的，甚至未出现在我之前的作品中的东西。
我朝全新的、陌生的东西走去，渴望将事情向前推进…… 我只是想继续创造本质强烈的作品。”2000

“它是强烈的吗？这是唯一的问题。我需要创造全新的，不与已存在的任何事物相似的东西。
如果大家都称赞我所做的东西，那么它一定仅仅是中规中矩罢了。”2015
“当一个时装系列被太充分地理解时，我不会感到开心。
对我来说，‘白色戏剧’太容易懂了，概念和内涵太清晰了。”2012

摄影：布里吉特·尼德梅尔

"在日本，
年轻人住在家里。
他们有钱花，
时尚对他们来说很重要。
随着年龄的增长，
[他们]结婚了，
他们就没那么自由了。
可能这与美国或者英国恰巧相反，
在那里只有长大后你才能有一些自由。
日本人在变得成熟之后就不想太出众了。
因此常常听人说：'在没结婚之前，
我穿 Comme des Garçons'。" 1990

『分离仪式（Ceremony of Separation）』，2015/16秋冬系列

“生活的全部就是穿着白裙的戏剧。”2011

『破碎的新娘（Broken Bride）』2005/06 秋冬系列

“[我的 2005/06 秋冬系列] 不单单是一个关于婚礼的时装系列，虽然那可能是第一印象。通过打破婚纱的规则，通过探究这个想法，就产生了更多的信息表明婚姻并不一定是幸福的。” 2009

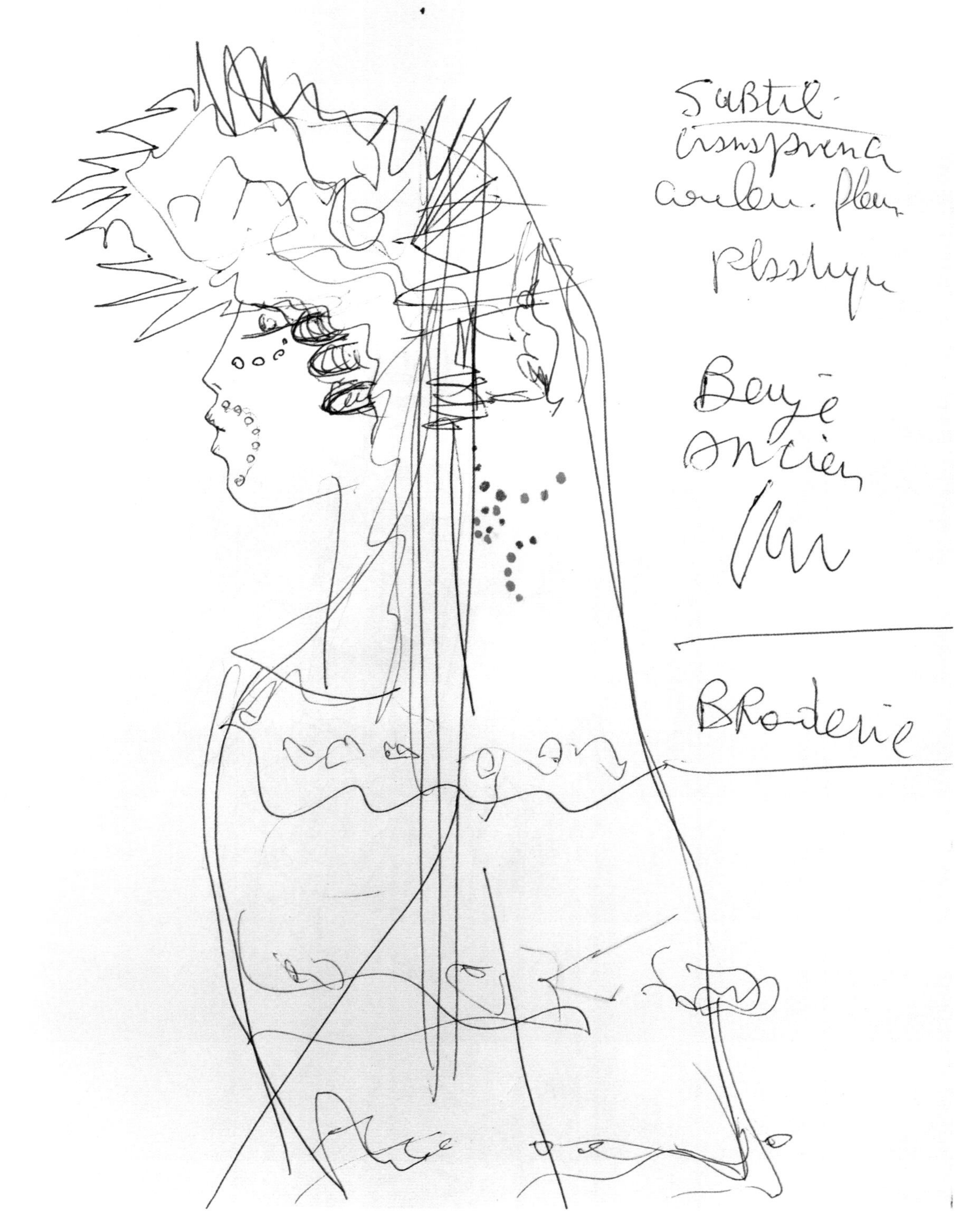

『破碎的新娘（Broken Bride）』，2005/06 秋冬系列，绘画：Julien d'Ys，2005年

“我理解为什么一些女人想嫁给有钱人。她们的余生可能会幸福，但她们可能永远不会自由。”2001

“每个人不都想要自由吗？”2001

『斜裁法（Bias cutting）』，1986春夏系列，摄影：彼得·林德伯格，1986年

"我想要一些可以白天被揉皱塞进包里，晚上抚平拿来穿的东西，没有任何修饰。"1985

『破碎的新娘（Broken Bride）』，2005/06 秋冬系列

“一个人的生活方式不应该被婚姻的形式影响。”2005

“我想仅关注白色能让［我的2012春夏系列］更有力量。
这其中有一种希望感。并非一切都是好的，也有不好的东西，这就是人生。
在这一意义上我是在发问，将我们自己从中解放出来是否重要？”2012
白色是新的黑色。2001

“只有当受到限制时我们才能明白自由的意义。如果人不自由，那他不会前进一步。[在我的 2012 春夏系列中]，我通过限制来展现自由的对立面去表达这一观点。” 2012

“你的衣服可以让你自由。” 2015

“我想要被遗忘。”2013

『分离仪式（Ceremony of Separation）』，2015/16秋冬系列

“我对子孙后代不感兴趣。”2016

“哈雷 - 戴维森[1]爱上玛戈·芳婷[2]”。2004

摄影：阿里·马可波罗

1. 哈雷 - 戴维森（Harley-Davidson）：著名摩托车品牌，由威廉·哈雷和阿瑟·戴维森于 1903 年创立。——译者注

2. 玛戈·芳婷（Margot Fonteyn，1919—1991）：著名芭蕾舞演员，曾任英国皇家舞蹈学院名誉院长。——译者注

『芭蕾机车（Ballerina Motorbike）』，2005 春夏系列

“[对于我的 2005 春夏系列]，我考虑了机车的动力 —— 那个机器本身的力量感 —— 和芭蕾舞者手臂的力量。” 2004

『芭蕾机车（Ballerina Motorbike）』，2005 春夏系列

『芭蕾机车（Ballerina Motorbike）』，2005 春夏系列

『芭蕾机车（Ballerina Motorbike）』，2005春夏系列，绘画：Julien d'Ys，2004年

“这很罕见，但是，有时候它确实又与艺术界、音乐界和文学界有些重叠。”1993

“坏品位也有价值。” 2008

摄影：阿里·马可波罗

"[2008/09 年秋冬系列] 我玩的是坏品位的概念，并且是以 Comme des Garçons 的方式。当然，由 Comme des Garçons 操刀的坏品位会变成好品位。" 2008

『坏品位（Bad Taste）』，2008/09秋冬系列

“她有时会采用一些大多数人不喜欢的东西……
这便造就了一些与众不同的东西。”艾德里安·乔夫（Adrian Joffe），Comme des Garçons首席执行官，2011

"她从不给自己设置种族的界限，
也不让这些干涉她的作品。
从一开始，
她就摒弃了任何关于东西方社会风俗和
文化的先入为主的观念，因为
这些与她的世界无关……
她刻意回避一切有关教养、国家、社会的问题。
所以很多时候灵感仅是来源于一种感觉，
一种情绪，
不是什么具体的参考。" 艾德里安·乔夫，Comme des Garçons首席执行官，2011

摄影：克雷格·麦克迪恩

"对我来说，[圆] 是现存最纯粹的设计形式。" 2006
"它很简单，并且很漂亮。" 2006

『立体主义（Cubisme）』，2007 春夏系列

“我对展示带有民族情感的典型要素并不热衷。
我觉得把它们混合起来创造新的东西倒是很有趣。”1992

“开始一个系列的设计往往有两种模式。一种是从已有的构思 —— 一个关于我想创造出什么的抽象的感觉 —— 出发。我曾经只用这个模式，不过那是很久以前；现在我尝试更理论化和精神化的创造。” 1992

『失落帝国（Lost Empire）』2006春夏系列

“[在制作衣服上我很固执地] 不受以前的时尚或者社群文化的影响。” 1983

“[在我的 2006 春夏系列中，提到了] 一个失落的帝国。
[但是，更重要的是，这个系列的衣服是关于] 无模式剪裁的。” 2005
“我发现用最简单的方法做出有趣的形状颇有挑战性。我喜欢在柔软和冷酷中取得平衡。” 1990

『靛蓝染料和扭曲（Indigo Dye and Twist）』，1982春夏系列，摄影：彼得·林德伯格，1981年

"我创造了自己的传统……我不会直接受他人或某个地方的启发。
我尽力使我自己与外部世界分离并且只从自己的视角去设计。
一切都很内在化。" 1993

『变之魅力（Transformed Glamour）』，1999/2000秋冬系列

“我想传达的是一种感觉——在一瞬间我所经历的各种情绪——不论是愤怒或者希望或者其他什么，并且是来自不同角度。我构建了一个时装系列，它有着明确的形式。那对一般人来说可能显得有些概念化，因为它从未借鉴任何具体的历史或地理的参考。我的出发点总是抽象的和多层次的。”2011

"出现的唯一不同可能是在短期内一个区域比另一个更重要。
问题的关键在于人，而不在于国家。
我经常听到人们作比较，但是我认为没什么好比较的。"2015

『装饰之内（Inside Decoration）』，2010/11秋冬系列，绘画：Julien d'Ys，2010年

“这个世界仍旧不是只有一个地方。有很多东西我们可以互相学习。”1995

摄影：科利尔·肖尔

“精神上，
男人和女人没有差别。
重要的是作为一个人。” 1994

“女人［想要］一些标准的东西来［表达］他们的感觉和自由。我觉得这个责任是我必须去承担的。”1994
“我脑海中没有特别的女人。我为拥有相同价值观的每个人设计衣服。”2000

“[我 2006/07 秋冬系列的出发点] 很简单，是人。
我的目标不是去强调性别认同，而是展示可以存在于相同个体身上的二元性。” 2006

『白衬衫+裤子，卡其，莉莉·玛莲（White Shirt+Pants, Khaki, Lili Marleen）』，1987/88秋冬系列，摄影：彼得·林德伯格，1987年

“我真想发明一件白衬衫，配上一条裙子和一条裤子。”2012

“[我的 2006/07 秋冬系列的] 故事是“假面”——一个人与内在自我相反的个性。较容易的表达方式是男子气概和阴柔气质的扮演。我喜欢通过衣服来自由地表达一个人性格的两面。” 2006

“眼前的，一个人所展现的，不一定非得是内心的东西。”2006

“[我的] 衣服不是特别女性化。
它们往往是黑色的，就像男人的衣服。” 1983

『无限剪裁（The Infinity of Tailoring）』2013/14秋冬系列

“我从来没考虑过［女性气质的准则］……
它们不曾进入我的视线。”2013

「无限剪裁（The Infinity of Tailoring）」，2013/14秋冬系列

"我一直喜欢传统的英式男装。" 2004

“服装的基础在于男性的时尚。” 1995

『年轻时尚，无肩（Young Chic, No shoulder）』，1987春夏系列，摄影：希拉·梅茨纳（Sheila Metzner），1987年

“时尚设计不是为了展示或者强调一个女人身体的形状；而是让一个人成为他自己。” 1992

“在时尚中过分的性感和暴露身体是男人为女人设计衣服的结果。
我想当女人为她们自己设计衣服时，会出现一些有趣的结果。”2003

“成年人时常忘记如何保持好奇。” 2007

摄影：伊内兹-维努德组合

“[当完成我的 2014 春夏系列时]，我想那种孩子们做的衣服会比较好。
但是因为我不可能是个孩子，我开始想，我如何才能做出这种孩子们会做的衣服？
我怎样才能做出孩子气的衣服？” 2014

『不做衣服（Not Making Clothing）』，2014春夏系列，绘画：Julien d'Ys，2013年

“很显然，我们所想的东西与孩子们所想的东西是不同的。我们不可能成为他们。但是我们可以做到做些不一样的东西。”2014

“在某种意义上，它们不是衣服，它们是孩子们的衣服，是孩子气的衣服。”2014

"[对于我的 2008 春夏系列]，我开始于思考不和谐和随机性，
我把玩着奇怪且不太真实的布料、颜色和图案的混合，并将其运用于各种廓形之中……
从另一角度来讲，那并不是衣服。" 2008

“整个系列是建立在素色扁平的方形袋的基础上的。”2008

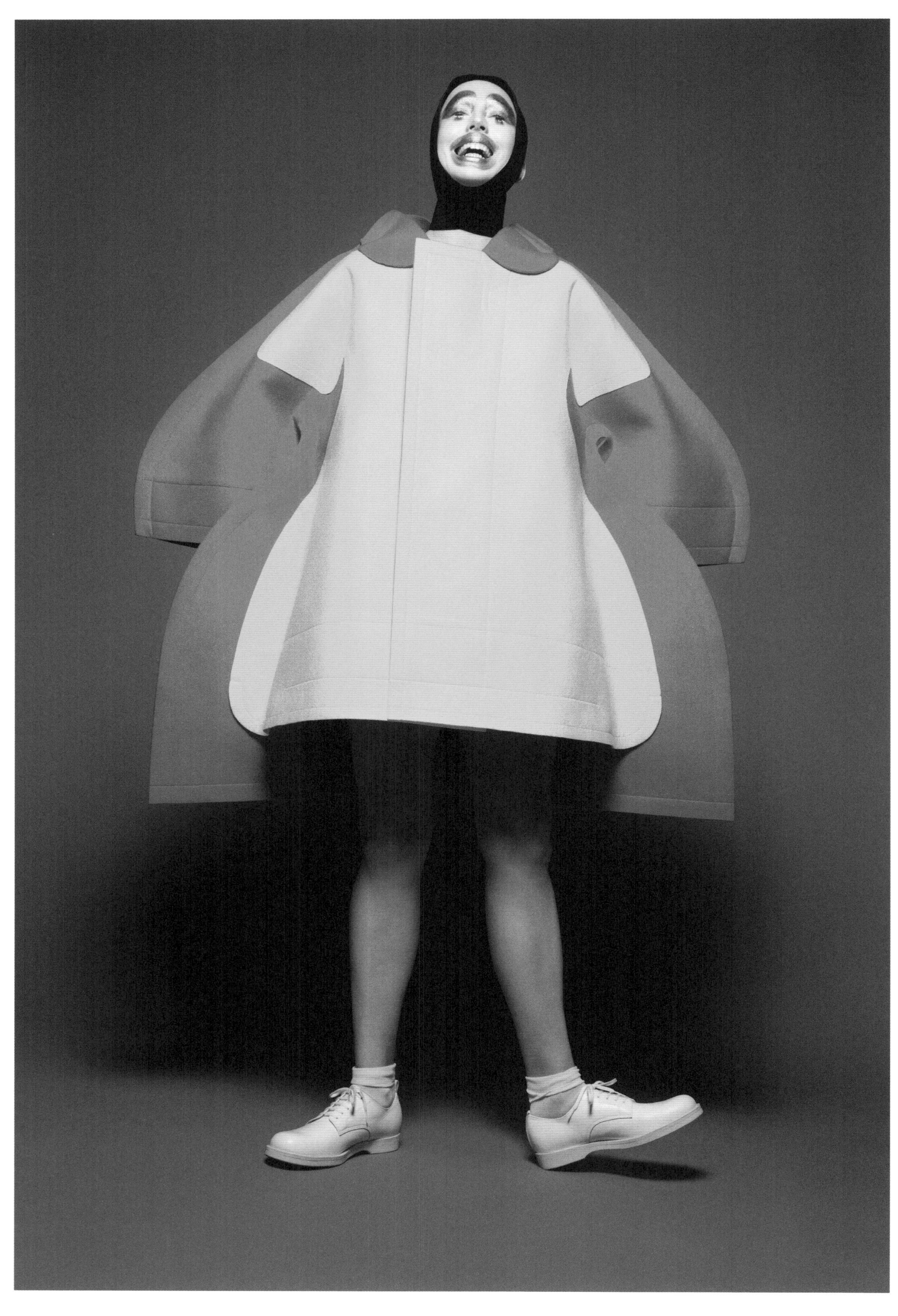

『二维（2 Dimensions）』，2012/13 秋冬系列

“[对于我的 2012/13 秋冬系列]，我想用最简单的技法尝试做《无设计之设计》。我围绕着二维这个主题工作。最简单的事物常常最难且最有力量。” 2012

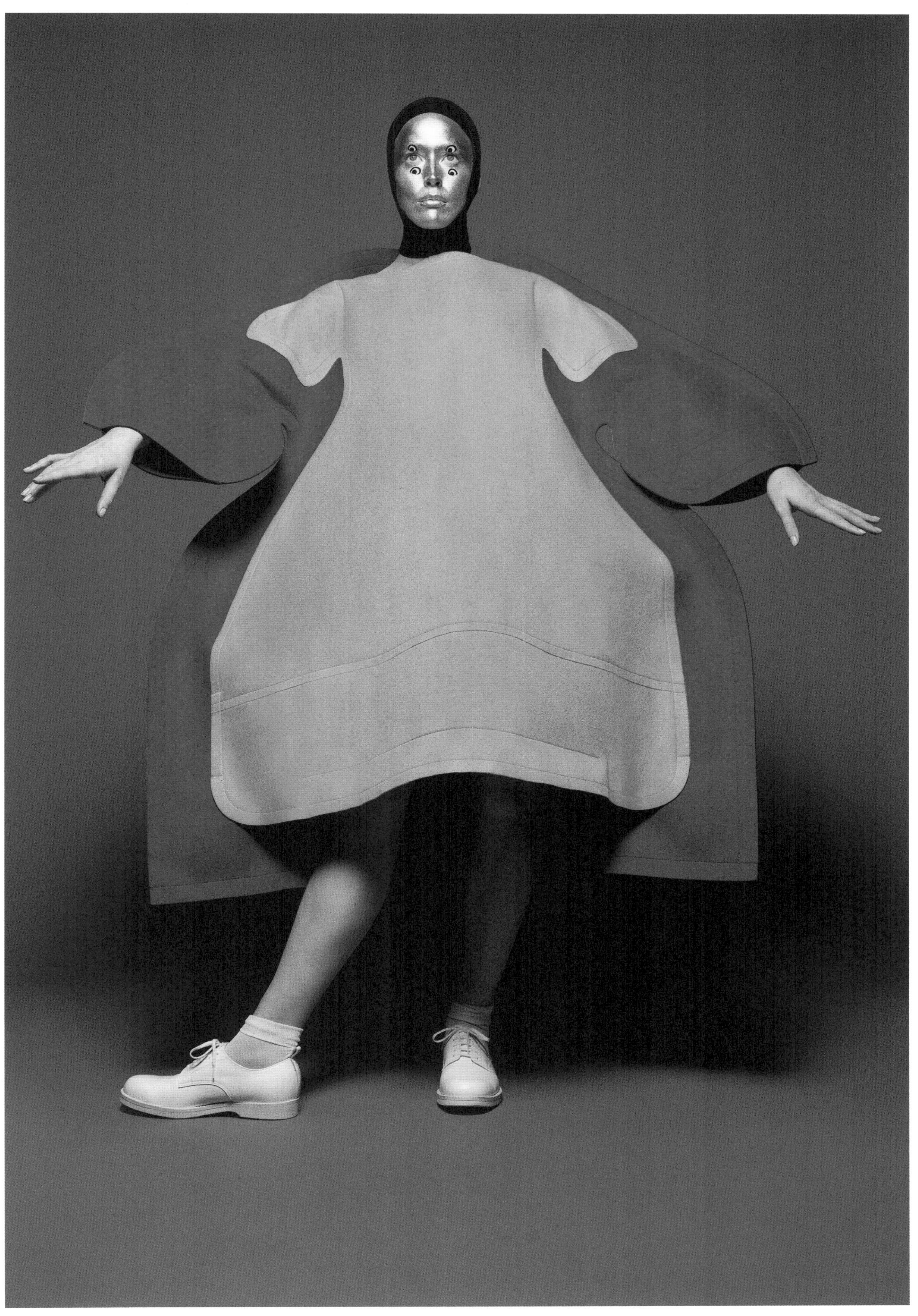

“概念的缺失就是概念本身。” 2012

『二维（2 Dimensions）』，2012/13秋冬系列

“规则是忽略掉人类的身体。人类的身体是三维的，
所以［我］完全在扁平的二维平面上工作，尝试找到忽略掉身体的新的东西。”2013

『II维（2 Dimensions）』，2012/13秋冬系列，绘画：Julien d'Ys，2012年

“我要重新思考身体，
所以我将身体和裙子合二为一。” 1997

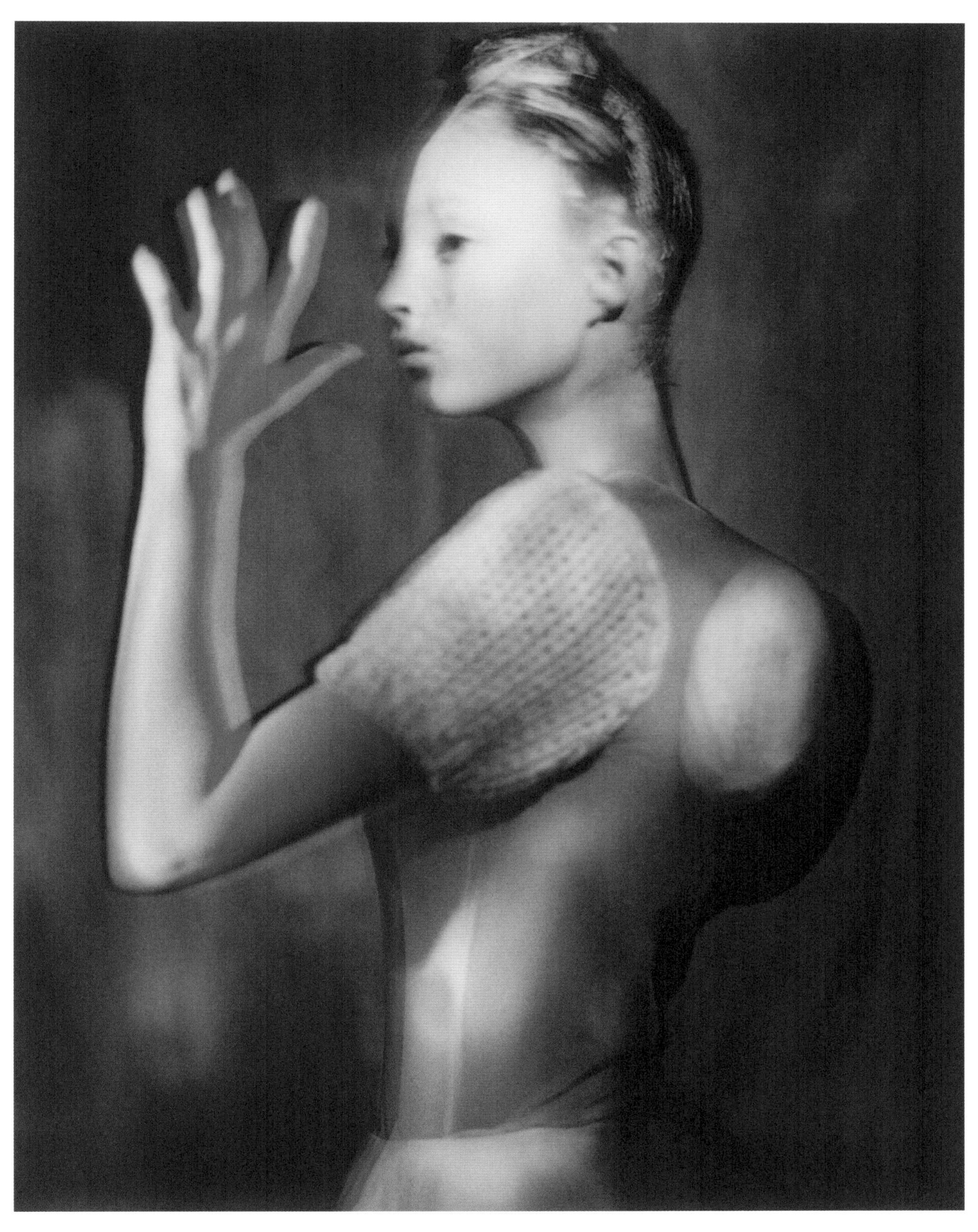

『身体邂逅服饰——服饰邂逅身体（Body Meets Dress—Dress Meets Body）』，1997春夏系列，摄影：保罗·莱维希，1997年

“这个构思，没有参考。现在有很多趋势，但所有人都看到相同的一个。我们的工作就是质问传统。如果你不冒险，那么谁会冒险呢？”1997

『身体邂逅服饰—服饰邂逅身体（Body Meets Dress—Dress Meets Body）』，1997 春夏系列，绘画：Julien d'Ys，1996 年

“[1997 春夏系列灵感来源于] 川久保玲看到一家 Gap 的橱窗里挂满了平庸的黑色衣服时的熊熊怒火。” 艾德里安·乔夫，Comme des Garçons 首席执行官，2015

『身体邂逅服饰—服饰邂逅身体（Body Meets Dress—Dress Meets Body）』，1997春夏系列，摄影：保罗・莱维希，1997年

“那次我可能尤其生气，但我多多少少总是在生气。”2005

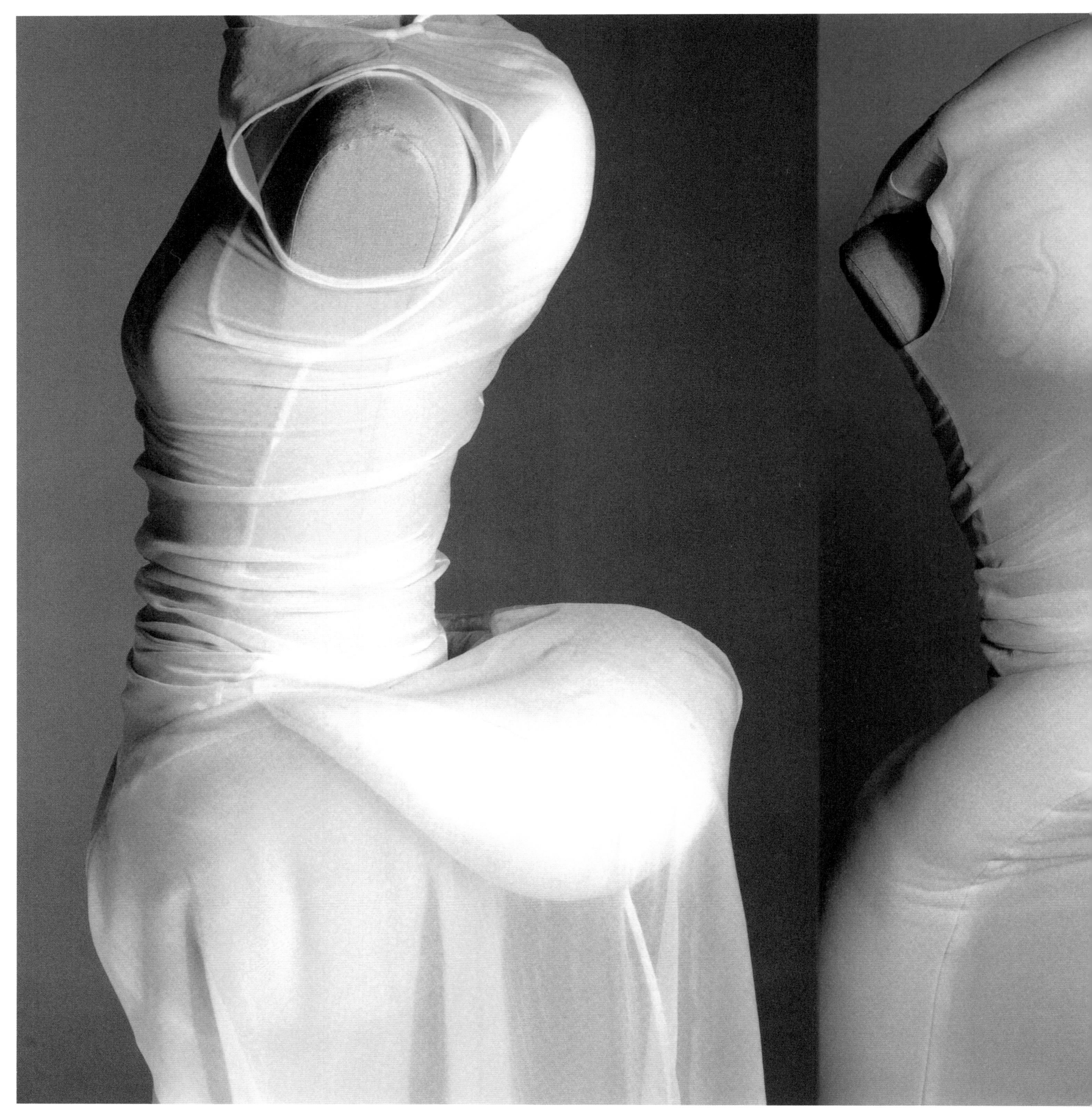

“在这个时装系列中，我用了三种不同的方法，结合三种类型的技艺或者思考方式。
第一是想要做一些真正强烈且不与任何其他事物相似东西的渴望。
第二是那次我感受到所有的衣服是多么无聊和平庸以及市场营销是如何接手的之后的愤怒。

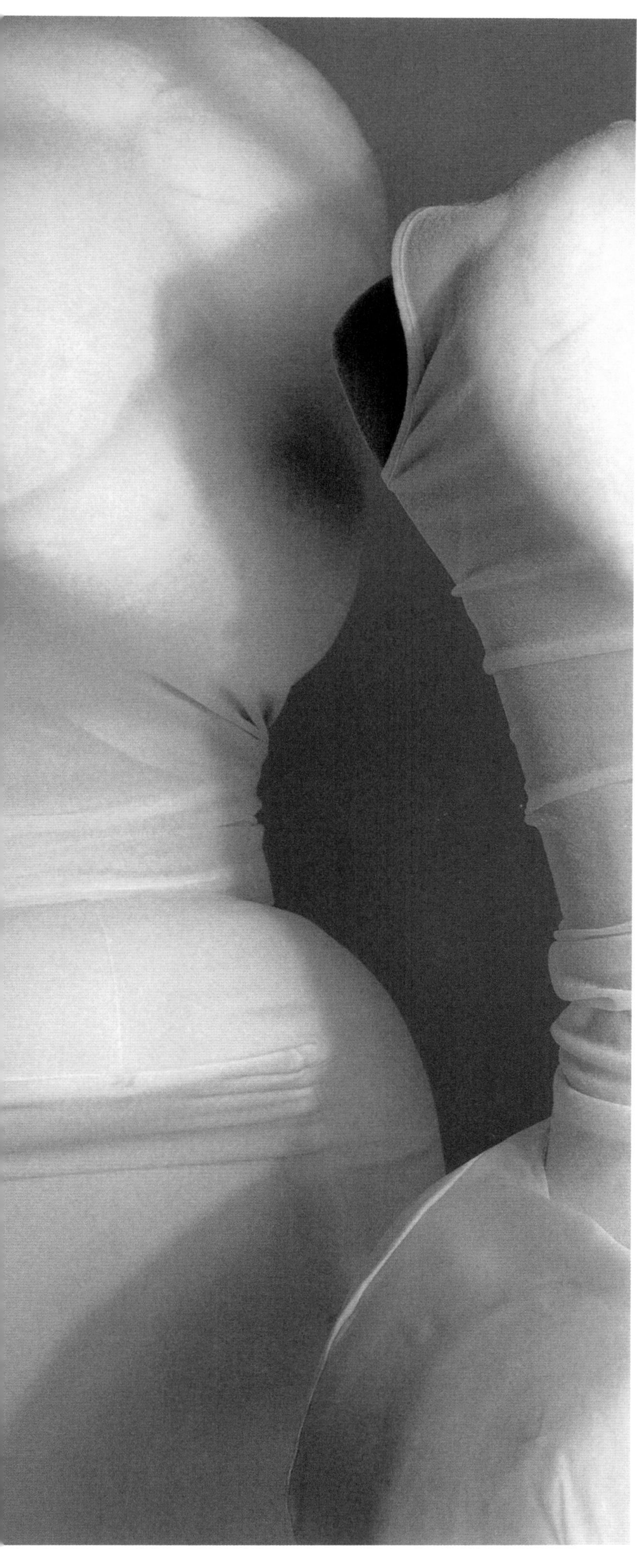

『身体邂逅服饰—服饰邂逅身体（Body Meets Dress—Dress Meets Body）』，1997 春夏系列，摄影：筱山纪信（Kishin Shinoyama），1997 年

这促使我决定去设计身体……而不是衣服。
第三是使用令人难以置信的柔性面料的决定，因为不这样的话人们如何穿进衣服里呢？
这是我做过的最令人满意的 [时装系列]。”2001

『身体邂逅服饰—服饰邂逅身体（Body Meets Dress—Dress Meets Body）』，1997春夏系列，摄影：保罗·莱维希，1997年

“做出一个在传统眼光看来女人穿着好看的款式对我来说一点意思也没有。”1997

『身体邂逅服饰—服饰邂逅身体（Body Meets Dress—Dress Meets Body）』，1997春夏系列，摄影：保罗·莱维希，1997年

“我想向人们推荐不同的美学和价值观。在某种程度上我想质疑它们的存在。” 1997

『身体邂逅服饰—服饰邂逅身体（Body Meets Dress—Dress Meets Body）』，1997春夏系列，摄影：筱山纪信，1997年

“我没有一个美的定义。我没有一个既成的关于美是什么的观点。我关于美的观念一直在变。”1992

“我绝不会满足于做别人认为好看的衣服。”2005

『身体邂逅服饰—服饰邂逅身体（Body Meets Dress—Dress Meets Body）』，1997春夏系列，摄影：保罗·莱维希，1997年

“我不期待它们是日常好穿的衣服，
但是 Comme des Garçons 的衣服对这个世界来说应该总是全新的和颇具启发性的。
我认为，把想法转化为行动比担心衣服是否最终会被穿着更重要。
这也许是为什么这个系列激起了很多人强烈的感受。”2005

『身体邂逅服饰—服饰邂逅身体（Body Meets Dress—Dress Meets Body）』，1997春夏系列，摄影：保罗·莱维希，1997年

“让每个人都明白我的衣服是困难的，这对我来说没什么要紧的。”1993

“如果我们做那些易于理解并且容易热销的衣服，Comme des Garçons 便没有立足之地了。”2005

“不是每个人都应该热爱 Comme des Garçons。”2008

“我总能从眼光好的人那里收获不错的反馈……
并且从那些害怕与众不同之人的人那里得到很糟糕的反响——不论是开始还是现在。
我从来不过多地担心它。”2013

『身体邂逅服饰—服饰邂逅身体（Body Meets Dress—Dress Meets Body）』，1997 春夏系列，摄影：筱山纪信，1997 年

“如果我做了我认为全新的东西，它会被误解的，但是如果人们喜欢它，我会失望，因为我还未足够推动它。越多的人讨厌它，也许说明它越新。因为人的本性是惧怕改变的。”2014

『舞剧《Scenario》』(海报)，设计：井上树(Tsuguya Inoue)，摄影：蒂莫西·格林菲尔德－桑德斯(Timothy Greenfield-Sanders)，1997年

“我［在设计摩斯·肯宁汉（Merce Cunningham）的舞剧《Scenario》的服装时］的出发点是我完全不懂舞蹈，但我想把这变成一个积极因素。
当舞蹈的自然动作被排斥和否定，你便得到新的形式。如果你太自由，你不会找到源于自设框架的创意。”1998

『舞剧《Scenario》』，摄影：蒂莫西·格林菲尔德－桑德斯，1997 年

『舞剧《Scenario》』，摄影：蒂莫西·格林菲尔德－桑德斯，1997 年

“当我第一次看排练时，我为这些形状的变化和栩栩如生惊艳不已。” 1997

“我喜欢服装的形状在身体上变化的方式。如果你从正面看这个人，你期待一个确切熟悉的形象，但当这个人转过去，你看到一个完全不同的形象，这是从服装的形状无法预测的。这对我来说是如此愉悦。”摩斯·肯宁汉，编舞，2005

『舞剧《Scenario》』抓拍片段，摄影：蒂莫西·格林菲尔德－桑德斯，1997年

“我记得冬天的时候从窗户向外看去，看见一个穿着派克大衣、背着双肩包的男人，他看起来特别像这些服装中的一件。”摩斯·肯宁汉，编舞，1997

"我可能会设计一些没有衣服功能的东西。
更重要的是其中的精神。
一件衣服如果能够给人自信和美，
这比什么都重要。" 1999

摄影：操上和美

『不做衣服（Not Making Clothing）』，2014春夏系列

“从我个人来说，我一点也不关心功能，但是我听到的超过半数的抱怨都来源于这一方面。当我听到‘你在什么场合可以穿它呢？’或者‘它可穿性不强。’又或者‘谁会穿它呢？’时，对我来说，这只是表明有人不得要领。”2012

『不做衣服（Not Making Clothing）』，2014春夏系列，绘画：Julien d'Ys，2013年

“为了做［2014 春夏］系列，我想改变我脑海中惯常的路子。我尽力从不同的角度去看待我所见之物。我想到的一种方法，就是从打消将它做成衣服的意图入手。我尽力用像是我并非在做衣服那样的方式去思考、感受和发现。” 2013

『明日之黑（Tomorrow's Black）』，2009春夏系列，绘画，Julien d'Ys，2008年

“艺术不一定非是世俗的，必然如此。比如，发型艺术家 Julien d’Ys 为［2009 春夏］系列所做的杰出创造就没有任何奢华的东西，头发、帽子和妆容成为一体。”2009

『明日之黑（Tomorrow's Black）』2009 春夏系列

“黑色的未来是什么？这是我在设计我的 2009 春夏系列时认真思量的哲学问题。”2008
“我一直喜欢黑色。然而最近黑色变得像棉布一样令人习以为常了，所以我想要寻找‘明日之黑’。”2009

"如果我们说'这些是衣服'，那就太普通了，所以我们说'这些都不是衣服'。这听起来像句禅语，但是非常简单。" 2014

『不做衣服（Not Making Clothing）』，2014春夏系列，绘画：Julien d'Ys，2013年

“制版师必须忘记他们所学的一切。当然，他们不必真的忘记，但是……就像忘记一样。他们必须探索新的东西。”2014

“当你在寻找新的东西的时候，你的经验会妨碍你。寻找新的东西意味着你必须扔掉一些东西。” 2014

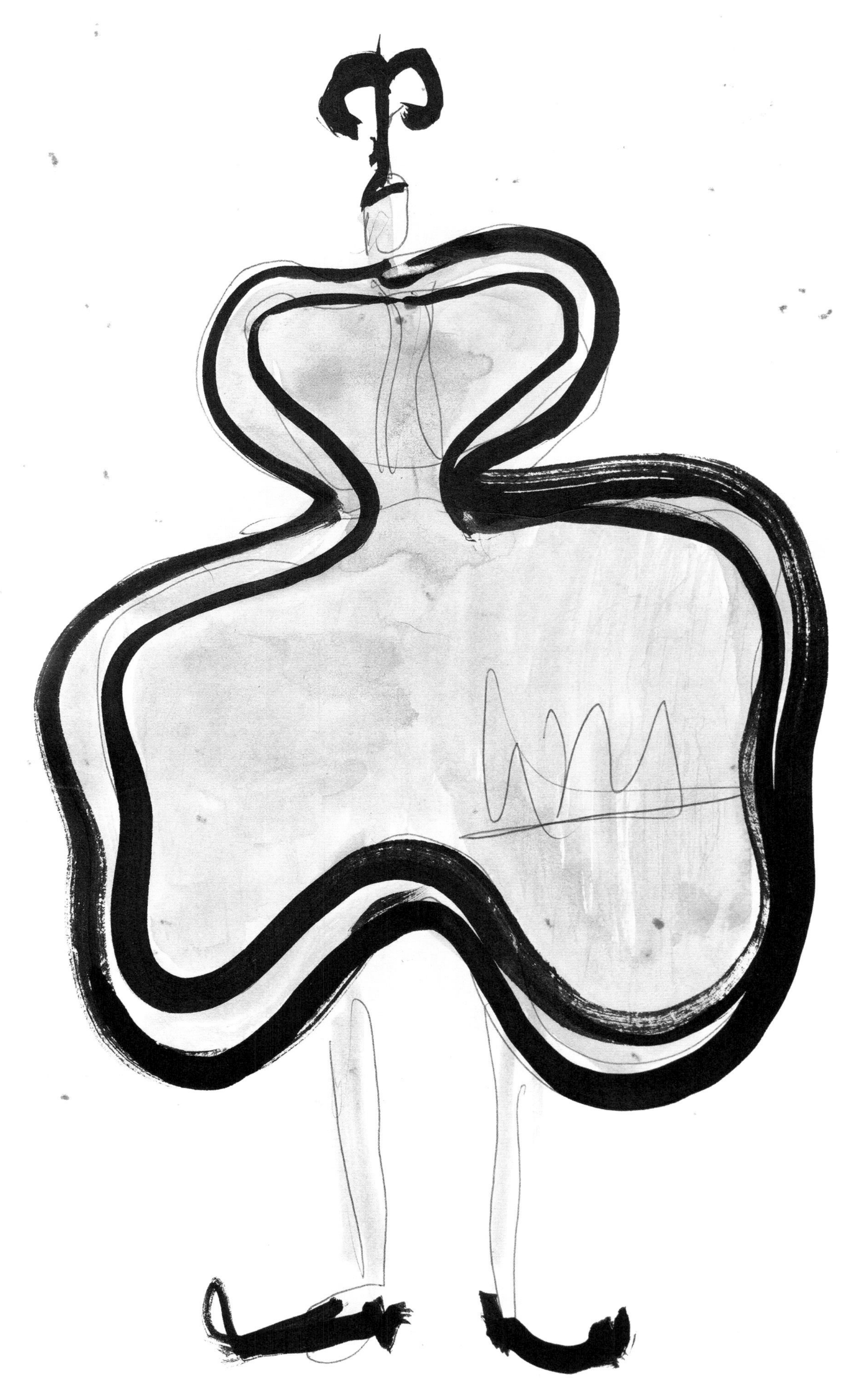

『不做衣服（Not Making Clothing）』，2014春夏系列，绘画：Julien d'Ys，2013年

“[对于我的 2014 春夏系列，我] 转向了一种激进的、本质的创作方法，这包括将 [我的] 原则直接变成形式。”2015

『不做衣服（Not Making Clothing）』，2014春夏系列

“我决定只做我想做的，不考虑商业因素。这就是为什么这些服装造型看起来如此地不妥协。”2016

“[我称这些衣服为] 身体的客体。”2014

“我研究美学，
但那跟我对美永恒的
追寻真的没什么关系。” 1997

摄影：操上和美

『怪兽（Monster）』，2014/15 秋冬系列

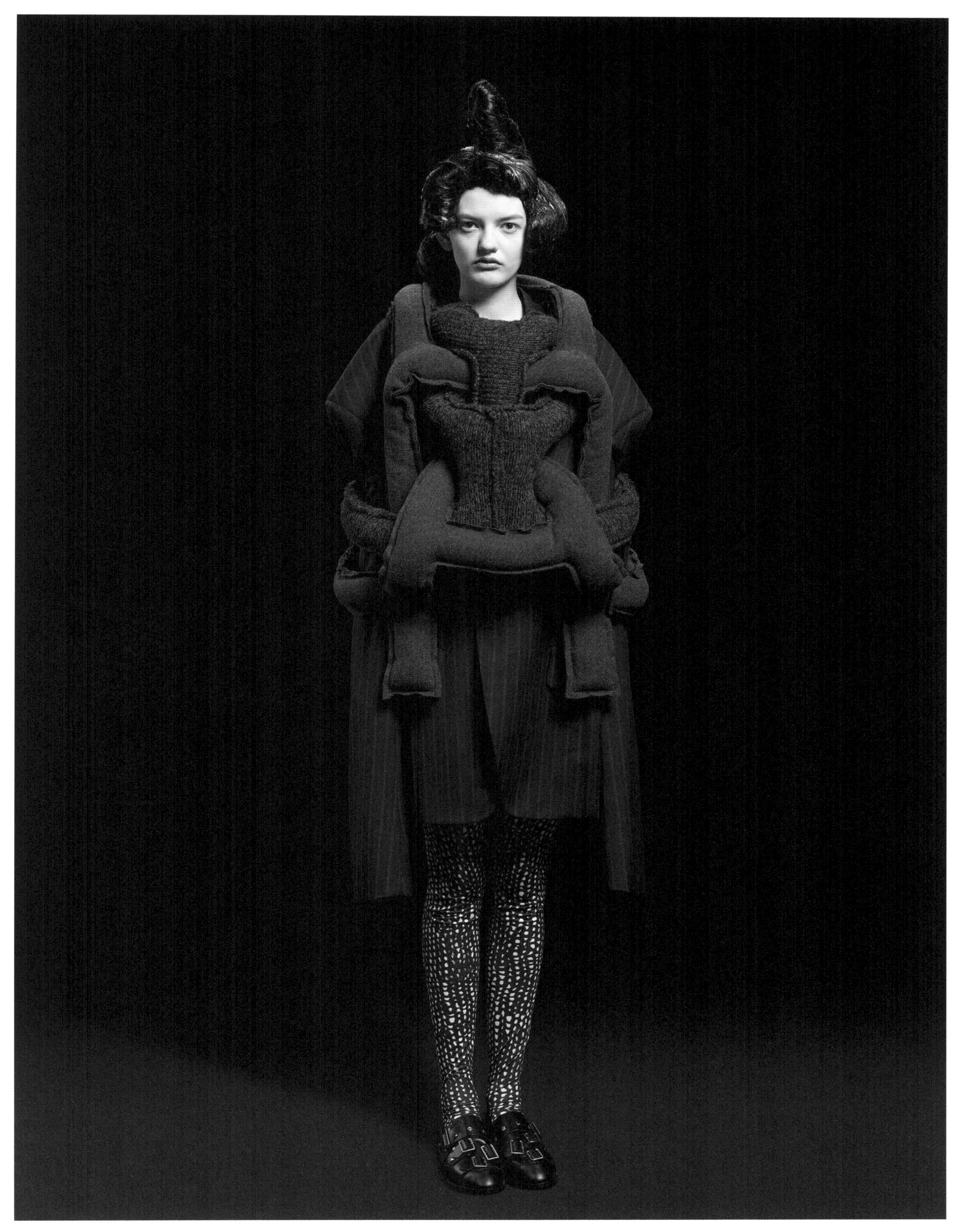

“美是千变万化的……它的表达毫无限制。如果别人认为我做的东西美丽，那很好，
但我不能抱着一种对确定反响的期待工作。
我只能从一种极其私人的观点出发，正如我所认为的大多数真正的艺术家所做的那样。”2000

“我只做在那一刻我认为美的东西。但对此存在强烈的抵制。
几乎是第一次，我认识到了我认为美的事物别人不一定认为是美的，反而可能是骇人的。”2005

『编织，丝绸+毛衫，针织（拼凑）（Twist, Silk+Jersey, Knits（Patchworks）』，1984/85秋冬系列，摄影：彼得·林德伯格，1984年

“[我的 2014/15 秋冬系列] 不是关于你在 Sci-Fi 中或电子游戏中找到的那种典型的怪兽。
[它有] 更深层的含义。人性的疯狂，我们所拥有的恐惧，
超越常识的感受，平常的缺席，被以极大、极丑或极美的方式表达出来。” 2014

“我所思考的怪兽是那些不合适的 —— 那些被认为不同于主流人们期待的局外人。我希望这个社会能更重视和信任这样的怪兽。”2014

『怪兽（Monster）』，2014/15 秋冬系列

“我的目标是创造新的看待美的方式和新的力量之路。” 2000

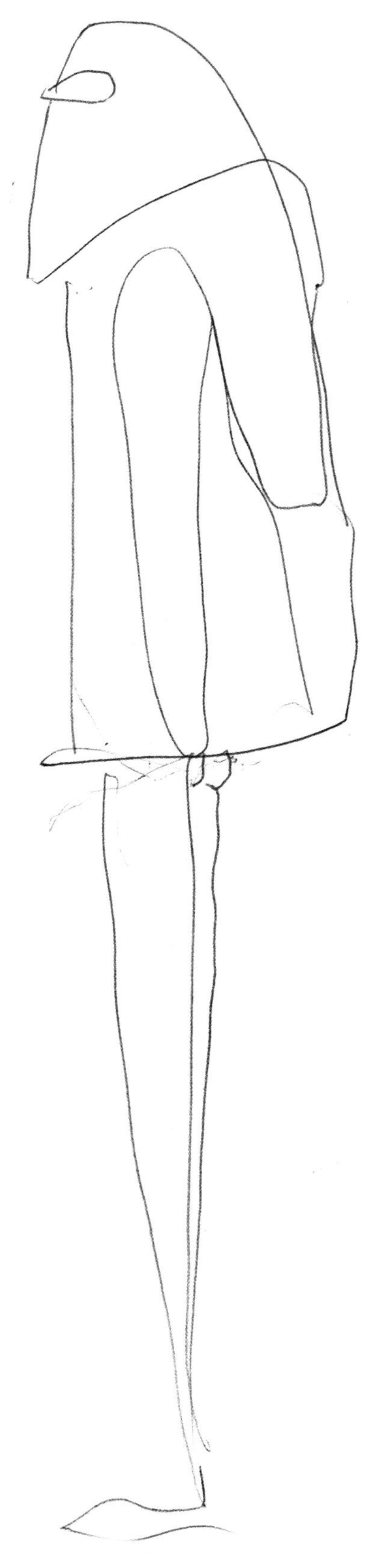

『怪兽（Monster）』，2014/15 秋冬系列，绘画：Julien d'Ys，2014年

“在正常情况下，我们认为修长的双腿、丰满的胸部和金色的秀发是美的。
[但是我们为什么不能认为双腿稍短、胸部小巧的人也是美的呢？]” 1999

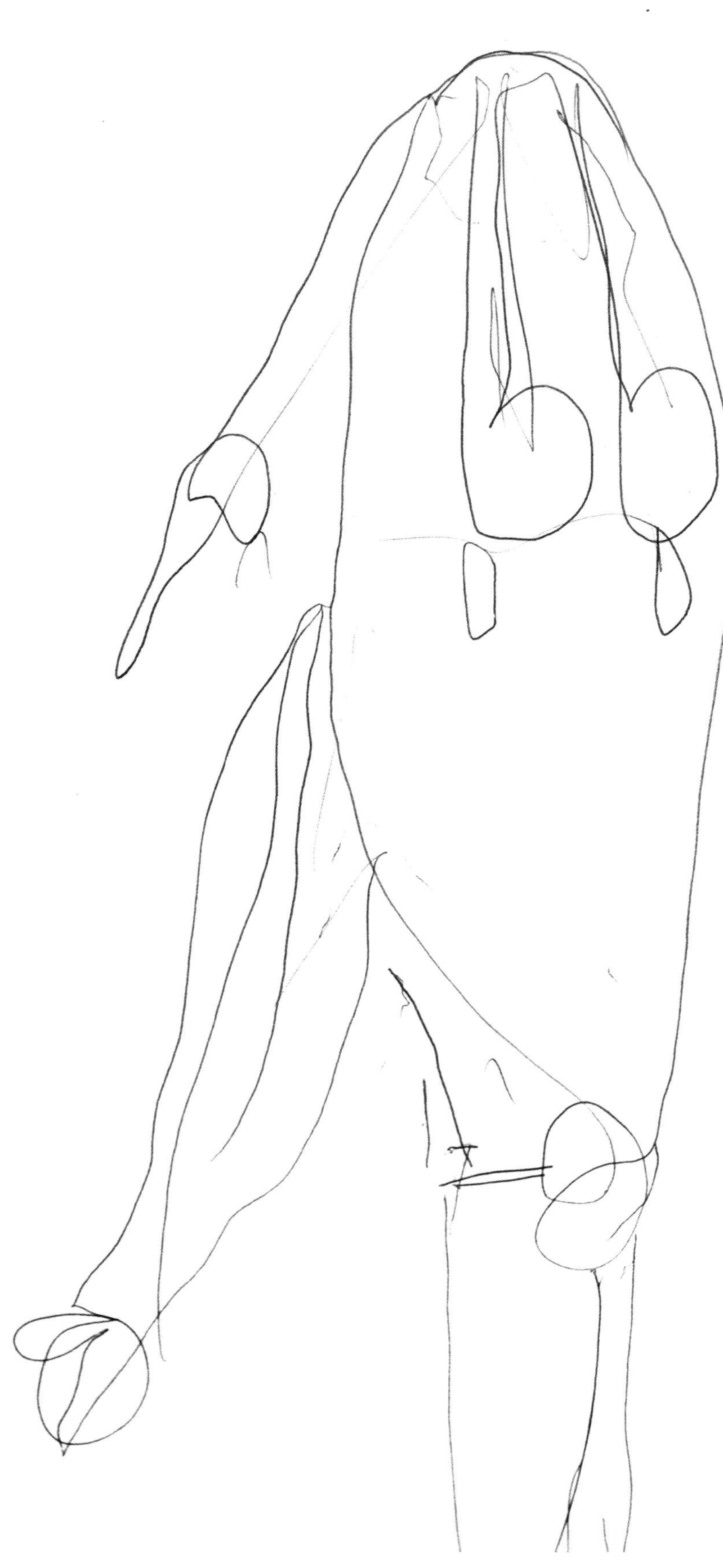

『怪兽（Monster）』，2014/15 秋冬系列，绘画：Julien d'Ys，2014年

“我真心地想要试图以一种积极的方式改变美的标准。” 1997

摄影：保罗·莱维希

“很多时候，
一个时装系列的主题来自处于
社会环境中的一种愤怒感。
任何想法都源于对
现存事物的不满。” 1998

『血与玫瑰（Blood and Roses）』，2015 春夏系列

“一个人没有自由便无法战斗。我认为寻找战斗——这等同于不屈之精神——的最好的方法是在创造的领域中。这就是为什么自由和挑战精神是我能量的源泉。”2010

『开花的衣服（Flowering Clothes）』，1996/97 秋冬系列，摄影：保罗·莱维希，1996 年

“花朵是快乐和积极的。花朵在盛开的时候，到达了能量和力量的巅峰。”1996

『开花的衣服（Flowering Clothes）'，1996/97 秋冬系列，摄影：保罗·莱维希，1996年

“我更倾向于认为这些衣服是强烈的…… 我从来都不喜欢浪漫这个词。我认为这是与一种明确的反女性气质相联系的。” 1996

“‘血与玫瑰’是一种玫瑰深层含义的表达，尽管它通常代表幸福和美丽。
在历史中，玫瑰的形象常常与鲜血和战争相连，与政治矛盾、宗教冲突和权力斗争相关。”2015

“做这些衣服，我是在表达人性和每个人内在的悲伤与恐惧。”2016

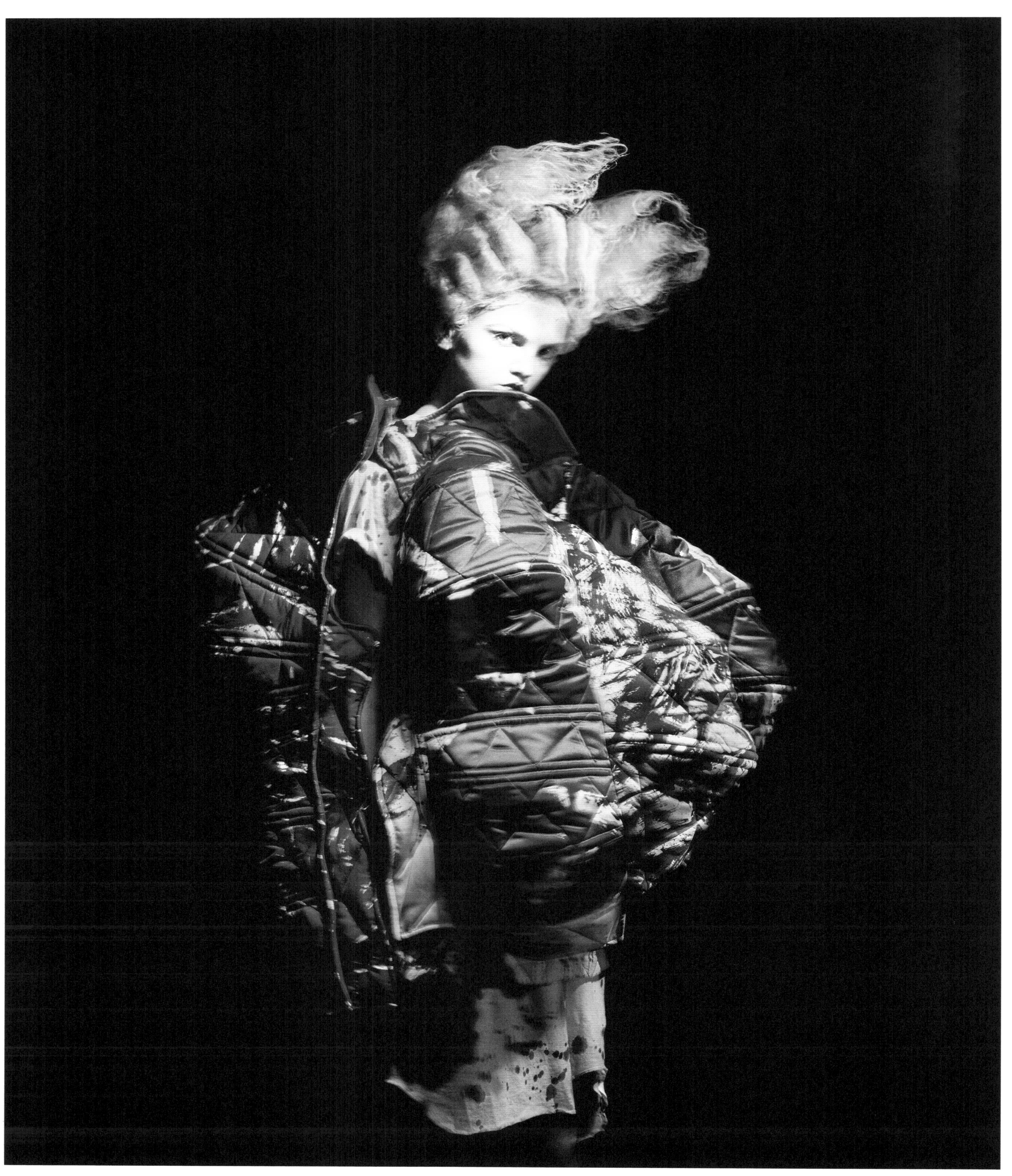

『血与玫瑰（Blood and Roses）』，2015春夏系列

“血液流淌过每个人。”2015

"[血是] 活着的状态。" 2015

『血与玫瑰（Blood and Roses）』，2015春夏系列，绘画：Julien d'Ys，2014年

“‘血与玫瑰’总共有23种样式。我本来更倾向于再减少这个数量，但那是最终呈现的东西。我在修改这最终的23种样式上做了大量的工作，所以他们可以成为Comme des Garçons的象征。”2015

『血与玫瑰（Blood and Roses）』，2015春夏系列

“‘血与玫瑰’系列是我个人为 Comme des Garçons 打造一个符号所作出的尝试。我想抓住它的力量而使之成为一个象征。它们是我致力于一个更高的层次而设计的衣服。” 2015

“不历经苦难便生发不出任何全新的东西。”
“创造都源于绝望。” 2015

摄影：保罗·莱维希

“[我从来不属于一个运动，跟从一个宗教，赞同一个意识形态，崇拜一个英雄]，
因为对我来说，信仰意味着你必须依存于某人。” 2005

『方形（Square）』，2003/04 秋冬系列，绘画，Julien d'Ys，2003 年

VOYAGE ET PAIX.

PÉLÉRINAGE

PRIÈRE POUR LA PAIX.

émotionnel

“［我整个 2003/04 秋冬系列都是由］一块方形面料［制成的］。我［不用］其他东西；所有东西都必须是从一块方形而来的。”2016

“也许因为 Comme des Garçons 代表着一个整体的思维，一个对整体的承诺，一个对个人力量和潜能的信念，人们总可以在这里找到一个精神的维度。
如果人们从 Comme des Garçons 中汲取到精神力量，我会很开心的。” 1998

『分离仪式（Ceremony of Separation）』，2015/16 秋冬系列

“我把我 [2015/16 秋冬系列] 叫作‘分离仪式’。
它展现了仪式的美和力量是如何减轻分离的痛苦的 —— 它既与离别的人有关，也与送别的人有关。”2015

“总的来说，启发我的往往是人们的生活方式……不仅仅是他们穿着什么，还有他们过活的方法，整个的生活方式。一个宗教组织，一个仪式——这是本质。”1993

“[这个秀] 跟政治或战争无关。它是关于更深层的东西，一些扎根于我和我们心中的不变的恐怖。” 2015

“我没有用我的设计传达信息来强调一些世界问题的渴望。” 2015

『分离仪式（Ceremony of Separation）』2015/16秋冬系列

“我是个十分严肃的设计师，不是个社会评论家。”1983

“我不做任何声明。我所创造的东西都是由别人来阐释的。我只想继续创造本质上强烈的作品。我不想妄图在社会或者世界范围激发改变。我没有动机。创造正是我生活的中心。”2000

『分离仪式（Ceremony of Separation）』，2015/16 秋冬系列

“[金色是] 我继黑色和红色之后的第三种颜色…… 我知道当把一些颜色的选择给宝宝们时，他们常常会选金色。” 2013

“我对金色所有深层的和广泛的意义与内涵感兴趣……金钱，宗教，威望和权力……
金色是天主教堂的颜色……它［也］是迪拜的颜色，是大理石地板的购物中心和茶壶的颜色。”2007

摄影：保罗·莱维希

“对我来说重要的是信息
（在新闻意义上的相关消息）。
通过我的时装系列……
我喜欢讲一个故事。
没有新闻，
一切都是死的……
信息能使作品深刻。
所以，
如果可能，
我也许更像一个新闻工作者而不是艺术家！” 2009

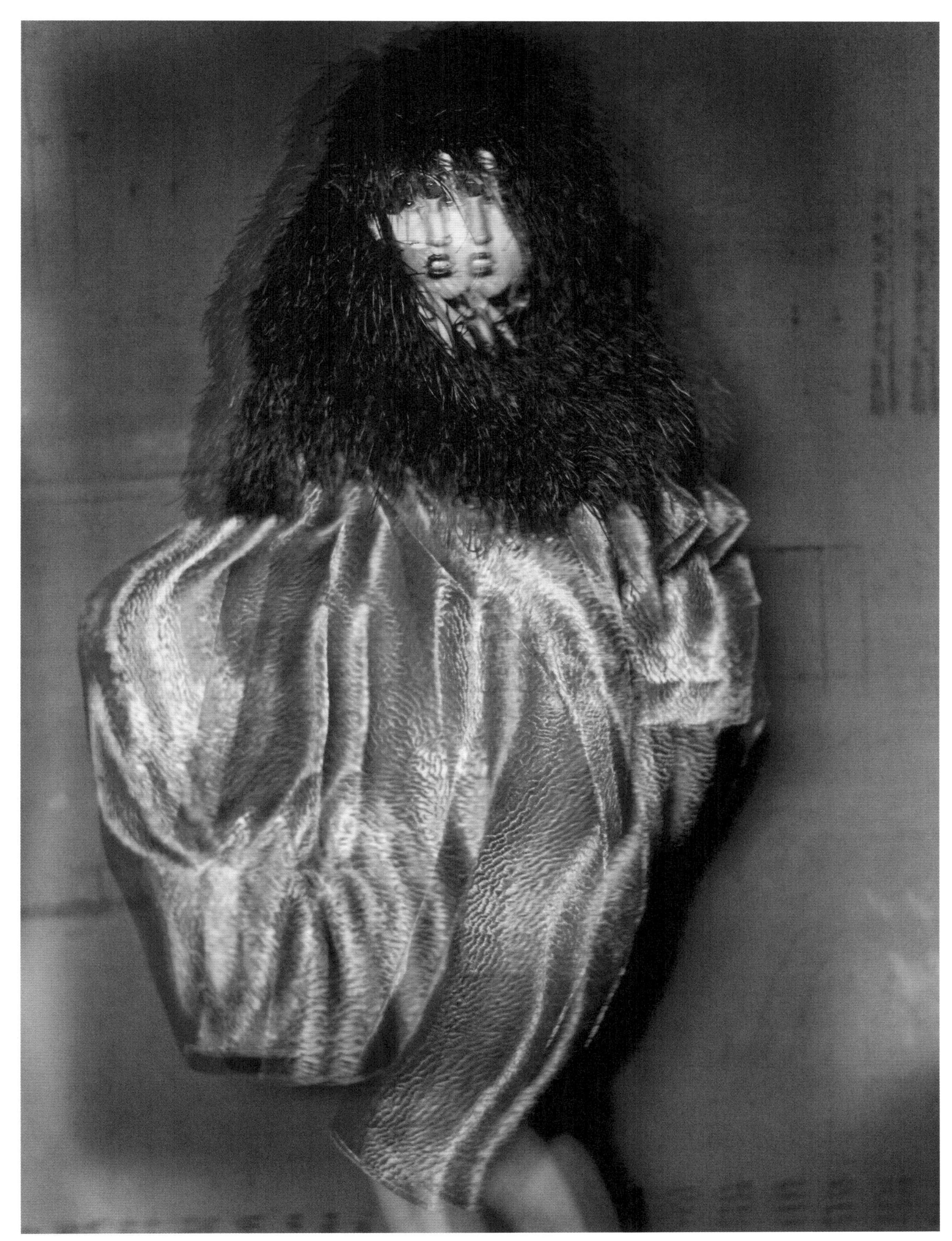

“说实话，我不是很明白‘幻想’是什么意思。这不是一个我曾用过的词。‘幻想’的概念在我们公司并不存在。我在白日梦或稀奇古怪的想象上确实没什么天赋……事实上，我是个现实主义者。对我来说，事物必须是真实的……我们必须脚踏实地。” 2012

『莉莉丝（Lilith）』，1992/93 秋冬系列

“我不喜欢女权主义者这个词。我不喜欢雄心勃勃这个词。我喜欢反正统这个词。”2004

“我不是一个女权主义者。我对诸如此类的运动从不感兴趣。
我只是决定创建一个建立在创新基础上的公司，然后以创新为剑，我可以打我想打的仗。”2009

『暗黑罗曼史（Dark Romance）』，2004/05 秋冬系列

"[对于我的 2004/05 秋冬系列]，我当时考虑的是女巫。
女巫这个词的原义，是说一个颇有权势的女人。原始意义下的女巫是仁慈的，但是因为人们不理解她们，欺凌她们，所以才留下她们邪恶的形象。" 2004

『蓝色女巫（Blue Witch）』，2016春夏系列

“女巫代表一个强大的女人——人们惧怕女巫并尝试消灭她们，是因为她们的想法和行为与她们周围的所有人都不同。”2016

“我们的世界需要 [女巫] 这样的存在，所以我们必须接受她们的存在。
这种价值观今天仍与我们息息相关，所以我尝试通过 [我的 2016 春夏系列] 传递它。”2016

“我开始于想要思考女巫，这些有着特殊权力的强大的女人们——她们常常被误解。然后我发现了一些漂亮的蓝色面料，所以我创造了‘蓝色女巫’。”2016

『蓝色女巫（Blue Witch）』，2016春夏系列，绘画：Julien d'Ys，2015年

“我的创作过程一向如此。组成、主题、题目、潜台词，
每天都逐步并竭尽全力做出充满力量的、美好的衣服。就这么简单。”2016

『蓝色女巫（Blue Witch）』，2016春夏系列，绘画：Julien d'Ys，2015年

“我记得曾经读过关于一个小说家的工作方式。据说他并不会想出一个大纲然后从开头写。他写些零零散散的东西，最后把它们放在一起。这听起来很熟悉。”2012

『蓝色女巫（Blue Witch）』，2016 春夏系列

“总有一条原则，Comme des Garçons 的 kachikan（价值观），然后有了主题、次主题和串联的情节。”2013

“[我是不是个无政府主义者？]
如果是把无政府主义等同于自由的层面上，
是的。
无政府意味着自由，
但是同时也意味着混乱。” 2016

摄影：保罗·莱维希

『18世纪朋克（18th-Century Punk）』，2016/17 秋冬系列

“关于创造，我从来没想过寻找任何系统或者遵守某种规则 —— 不论是很久以前或是现在。”2009

“我对规则不感兴趣，或者说它们是否真的存在。
我不是有意识地去打破规则。我只是做我自己认为美的或者好看的衣服。
人们可能会说这种感觉的方法就是不符合规则的。”2013

『成人犯罪（Adult Delinquent）』，2010春夏系列，绘画：Julien d'Ys，2009年

"开始的时候，我与抵抗变化和惧怕新鲜事物的势力斗争。
那是一场个人的斗争。但是过了这些年这个战役变得更多、更大、更广泛了。
现在，战役是对抗外部系统的。" 2006

『成人犯罪（Adult Delinquent）』，2010春夏系列

“我始终是个成人罪犯。”2009

『18世纪朋克（18th-Century Punk）』2016/17秋冬系列

“我认为每个年代都有朋克精神。[当我在设计 2016/17 秋冬系列时装时]，我就在想 18 世纪也一定有女性想要热烈地活着。所以我设计了我想象中这样的女人也许会穿的衣服，然后管它叫‘18 世纪朋克’。”2016

“我喜欢朋克精神。从对抗例常之事和循规蹈矩的层面来说，我是喜欢这种精神的。
这也是为什么我总觉得朋克精神有一种吸引力。我喜欢这个词。
每个时装系列都是那样。朋克对抗谄媚，这也是我热爱它的地方。”2013

『18世纪朋克（18th-Century Punk）』，2016/17 秋冬系列，绘画：Julien d'Ys，2016年

“我十分认同朋克，不仅是在时尚的角度，也包括在任何其他角度。他们很自然地做着一些全新的事，一些对抗权威的自由的事。它也从未想要成为某个组织或某个运动的一部分……我讨厌组织。当你有一个组织时，你必然会有个镇压其他成员的领袖。”2016

『18世纪朋克（18th-Century Punk）』，2016/17 秋冬系列，绘画：Julien d'Ys，2016 年

“朋克精神在于不曲意逢迎先定的价值观或接受权威们的标准。”2013

“令我的衣服骇人真的不是我的意图。事实上，我确实想反抗既有的想法。
我想要以一种启发灵感的方式工作，并且鼓励他人。”1997

“你永远不会为那些以吓人为目的的东西而感到震惊。
作品最重要的是要打动人或者给人们灌输一种正能量，有时其结果会令人震撼。” 1996

“前所未有的事物总有些抽象，
但是创作艺术不是我的目的。
我所有的努力都是
以做出前所未有的衣服为驱动的。”2015

摄影：保罗·莱维希

“最新的系列是我们追求全新东西的象征，所以它们会非常抽象。
如果你说衣服是用来穿的，那么也许它们不是真正的衣服……
它们不是艺术，但它们也不必是衣服。” 2015

『无主题（双重人格，心理恐惧）[No Theme（Multiple Personalities，Psychological Fear）]』，2011 春夏系列

“[我的 2011 春夏系列探索了多种] 恐惧和不安的想象，
比如上下颠倒的人和多重人格。” 2010

『无主题（多重人格，心理恐惧）[No Theme（Multiple Personalities，Psychological Fear）]』，2011 春夏系列

“一加一可能会等于三甚至四。
这可能会创造出新的和意料之外的东西。” 2008

“[2017 春夏系列背后的] 想法是不能说明
这些衣服在哪里结束的而身体又从何处开始的。” 艾德里安·乔夫，Comme des Garçons 首席执行官，2016

『看不见的衣服（Invisible Clothes）』，2017 春夏系列

“[这些衣服是]Comme des Garçons 最纯粹和最机智的一面。” 2016

「看不见的衣服（Invisible Clothes）」，2017 春夏系列

“它来自一个简陋的开始，那时我只是个手工匠人。
我是个裁缝，并且那就是全部的我。我只想谈论关于做衣服的事情。
我觉得除此之外没有解释的必要。”2016

「看不见的衣服（Invisible Clothes）」，2017 春夏系列

"我将我自己视为一个匠人。" 2016

rei kawakubo

an impression by Way Bandy

COLOR: BLACK

fragrance: NOTHING

nuclear war: THE END

sex: NO IMAGE

zodiac sign: LIBRA

makeup: NOTHING

fabrics: DEAR

exercise: NO THANK YOU

food: MINIMUM FOR SURVIVAL

pets: I LIKE VERY MUCH

blood: I DON'T LIKE IT

man: MAN

woman: WOMAN

movies: BLACK + WHITE

fashion: I LIKE IT BECAUSE IT'S MY BUSINESS

WB
85

“仅仅依靠语言，
我无法传达出我想要表达的一切。
这对我来说是很棘手的。
我不信任语言。” 2015

关于创造力

“从零开始，也许能够创造出未经时尚或文化影响的衣服。” *The Face*, 1987.3

“设计于我而言，要建立在创造全新的事物的信念之上；这不是件容易的事情。出于这个原因，每个时装系列都难以置信地磨人。” *Times Magazine*（London）, 1993.11.20

“我从不会退回去，也不会呈现我已做过的东西。我更喜欢用我的一切能力去向前看。” *I.D Magazine*, 1995.7

“我不是那种可以把同一个技艺用两次的人。我不断追求前所未有的东西。谁能说我们已经见过时尚中的一切了呢？谁？我发现向前走并创造出新的东西很难，但是我努力在做。并且那是痛苦的，你走得越远，它会变得越难。但是创造力是无限的。” *De Standaard*, 1997.3.7

“你的经验越多，每次要做出不同的东西就越难。从一个时装系列不断添加东西到最后阶段时就可以看出来——但是从零开始做一些东西，也会随着经验积累得越多而变得越难。” *Vogue*（Japan）, 2001.9

“Comme des Garçons 一直在寻找新的方式来表达美和自由，并且随着时间的推移，这不可避免地变得越来越难。但是我必须继续，因为我要为 500 个人的工作负责，并且我不相信这已经是我所能做的全部。” *i-D*, no.218（2002.3）

“我觉得如果某一瞬间我完全满足了……我将不能再做其他任何东西。我担心一瞬间的满足会使我不能够再想出下一个创意。我必须保持饥渴。” *i-D*, no.249（2004.11）

“总有一种危机感。一种不知道我还能继续创造多久的恐惧。” *Unlimited: Comme des Garçons*（Tokyo: Heibonsha, 2005）

“培养源于内心和灵魂的创造性表达很重要。” *International Herald Tribune*, 2005.2.15

“你看着我的衣服，然后认为我不正常。但是我就是个正常人。理性的人就不能创作出疯狂的作品吗？” *New Yorker*, 2005.7.4

“我强迫自己寻找新的东西。这就是我的战斗，即使我不一定能完成我要做的事情。这也是我的目标。” *Vogue*（France）, 2006.9

“简单的工作便不会有趣。来自内心的东西从不会这样。” *El País S Moda*, 2006.10.1

“创造出前所未有的东西始于每天日常工作稳固的堆砌。这是个一步步完成的过程。我每日前行，从未见到过光明。” *Mainichi Shimbun*, 2008.8.29

“创造力使事物向前发展。没有全新的东西就没有进步。创造力等同于新。” *Interview*, 2009.12/1

“一旦我已经做过一些东西，我就不想再做一次，所以可能性的广度就变得很小了。” *WWD*, 2011.1.4

“以寻找新的东西为目标的工作过程真的很艰辛。它也总是艰辛的。为了让人们感觉到什么，为了让他们感知到他们被给予的东西而去创造是极度困难的。如果这是你的目标，有很大压力是自然的。” *Wall Street Journal Magazine*, 2011.9

“每个时装系列，每次 Comme des Garçons 设计，我都是从零开始。我想去做一些前所未有的强烈的东西。根据我的工作原则，我不能与时尚工业或公众对话，或者让任何人、任何事以任何方式影响我自己。” *Newsweek*, 2012.6.4/11

“我承认我改变的努力可能仅仅只是徒劳的挣扎。有时我甚至也对我应用改变的能力丧失信心。然而，我努力去确定我没有做着我曾做过的东西，不论是多小的东西。” *Vogue*（Japan）, 2012.10

“新对我来说意味着我未曾见过并且前所未有的东西。我曾有过的想象对我来说不再是新的，所以你可能说这个目标不是永恒的。‘美’与‘用’是不同的东西，但是幸运的是它们彼此联系。然而我创建 CDG 等品牌的基本价值观是，创造与新，和美与用，没有关系。” *Style.com/Print*, 2013 秋

“什么是强烈？是你从事物感觉到的强度。你感受最强的就是最强烈的。我尽力去达成它，但我并不总是可以完成。” *Vogue*（Japan）, 2014.2

“当社会变得保守，人们要求稳定，我们停止寻找新的东西，创造力被削弱，然后我们不再进步。但是，正是创造性思维和人治思维让一个国家强大。” *Senken Shimbun*, 2015.1.6

“我唯一感兴趣的是前所未见的、全新的衣服，并且找出这样的衣服是如何从我的脑海中被创造出来的。仅此而已。” *Switch Magazine*, 2015.3

“我总是在寻找新的表达方式。在这不断寻找新的想法的过程中，有很多次不满足要求然后被拒绝的。这个过程是我工作中至关重要的一部分。这是我强加给自身的过程，这是我制作衣服的方法之基。不断地寻求全新的东西很像是在无垠的沙漠里找一汪清泉。” *Switch Magazine*, 2015.3

“当我开始做东西时，我在黑暗中不断笨拙地摸索着……一旦我越过了挡在我眼前的这堵隔墙，我便继续尝试越过下一堵墙。新奇常浮现于饱受磨难之时。你必须明白创新的出现并不是轻而易举的。” *Switch Magazine*, 2015.3

"提出一些新的东西让每个人可以看到并且可以被激励——我想要这样去生活。"*T*（Japan），2015.3.25

"没有止境也没有目标。只要我在尝试做着前所未有的东西，就不可能停止。"*Ginza*, 2015.8

"每个人都想看看他们从未见过的东西。现在，社会媒体，太多的信息，信息传播的速度——所有这些都使实现这个目标越来越难。"*Elle*, 2016.3.4

"对我来说，创造只可能出自一种特定的不幸。他们说在日本，饥饿精神和饥渴心灵之类是推动你向前的东西。不仅是在创造界，也在运动界。最成功的运动员是真正发奋图强并拥有饥饿精神的人。"*Elle.com*, 2016.3.4

关于灵感

"我所做的是不被时尚或文化中既存的东西影响。我从一些模糊的抽象图像中创造出一种新的美的概念。"*The Face*, 1987.3

"大多数时候我的灵感来自日常。像是一张被揉皱了的纸或者是一个被拆出一半的枕套，这些曾激发了一个时装系列。"*Interview*, 1993.3

"我基本的灵感来源于日常感受。我看到事物它们本该是，而非正是的样子。这种视角是向前的。"*i-D*, no.162（1997.3）

"一切人类的经历都可以影响我的作品，但大多数时候我依靠直觉和感觉工作。"*Paper Magazine*, 1998.9

"每个时装系列更多的是我那一刻感受的表达，我内在的情绪，我的疑惑，我的恐惧和我的希望。"*Arude*, no.13（1999）

"有些东西在这一刻可能会让你讨厌，或者你会觉得这个世界有些不对劲。这些感觉可能会成为我创意的组成……它也可能是愤怒，是激发新想法的动力，或者做出奇形怪状衣服的渴望。"*Unlimited: Comme des Garçons*, 2005

"我大多时候从内在的东西开始工作。所有我做的东西都出自我自己的价值观。我对很多人的生活都感兴趣，但是我更多的是被我所度过的时间和我所呼吸的空气所影响。"*Sunday Times*（London），2008.3.2

"我没有灵感。我从来没有。我可能会被某时某地某物所触发，但是我意识不到。我从没有任何主题开始，在黑暗中摸索着向前。"*Pen*, 2012.2.15

"时装系列全是我脑海中发生的东西，它们未经时代或环境影响。在创造中，[我] 保留在我前进过程中我脑海里令我困扰或独独被我关注的东西，并且最终它们在我心中汇聚成一。当然，我确实活于时代中，并且我确实不否认我的作品中一定有来自外界的东西。但是不存在我有意识地接受它影响的东西。"*Ginza*, 2013.5

"参观博物馆和画廊，看电影，与人聊天，逛新商店，看傻瓜杂志，对大街上人们的行为产生兴趣，欣赏艺术，旅行：所有这些东西都是没用的，所有这些都不会帮助我，不会给我直接的刺激来帮助我寻找到新的东西。并且时尚史也不行。原因是上述的这些东西都是现存的。我只能等待机会从我自身产生全新的东西。"*System*, no.2（2013年秋冬）

"[我] 不是不受事件影响。在某种程度上没有什么直接影响是奇怪的。没有什么直接的，但是可能是很多社会中非直接的东西，一些 [我有] 意见的事情，但是没有什么真的与这作品相关。"*System*, no.2（2013年秋冬）

"外在的刺激在最近的时装设计中不扮演主要角色。当你已经做了四十多年衣服，你偶然看到的或听到的东西不足以激发你。它们对我没用。相反，设计是一个从无开始的寻找过程。创作是一场与自己的斗争。"*Yomiuri Shimbun*, 2016.1.13

关于过程

"在试衣阶段，我会做大量的反馈，并且我会焦虑这到底是不是我真正想要的东西，这是否如我脑中的构想一般强烈。[把构想变成现实总是从面料开始的。]"*WWD*, 1983.3.1

"距时装秀开场前六个月开始决定面料。或做或买。我对下一个时装系列我想要的质地有个模糊的概念。至于衣服的形状——有时我会在一场秀开始前的几周探索形状。但是一旦一个系列的焦点完成了，整个时装系列也就尘埃落定了。"*New Fashion Japan*（Tokyo and New York: Kodansha, 1984）

"我 [认为要] 依据有趣的新形状，而不是勾勒身体轮廓。"*Vogue*（US），1987.5

"我没有一套模式。有时会有个确定的形状在我的脑海中，然后我先去塑形 [而不是面料]。但是通常是同时的——想到一个确定的形状和找到一个特定的面料。"*Vogue*（US），1987.8

"[设计] 不都是令人愉快的，虽然我希望它是；但是可能我第一次看到样品的那一瞬间——看面料和形状，我就知道这是可行的。这些瞬间是伟大的，每个时装系列都像是通过一次考试。"*Vogue*（US），1987.8

"我认为我的衣服这么多年没有太大变化，虽然我希望我在制作过程上经常有变化。也许过去我更明显地揭示着结构的技艺。我使用复杂的图案；我发现那是一种激情。现在我对一个系列整体的氛围更感兴趣。”*Rei Kawakubo and Comme des Garçons*（New York: Rizzoli, 1990）

“刚开始在巴黎展出我的作品时，我用很多的面料，很多的裹缠。从个人来讲，我厌倦了做那样的作品。现在我的衣服，按西方世界来看，已经变得更轻减。”*Rei Kawakubo and Comme des Garçons*, 1990

“我决定主题并开始寻找新的、强烈的东西。我向制版师阐述。我们开始实验和探索，然后事情就发生了，常常是意外或巧合。在这个过程中，有时想法来源于极其遥远之处。”*Arude*, no.13（1999）

“如果你看见我的衣服，我觉得你就会明白［我对身体的看法］。我所做的衣服当然是给人们穿着的，所以我明显地将人的形体作为我的出发点。我围绕着形体工作，但我从不被形体必须是什么样的所限制。我从来不给自己设限。”*BlackBook*, 2000 秋

“有的制版师花两周的时间在痛苦中挣扎。那是磨砺。如果我们只是跟随着设计师的画稿，对这儿的每一个人来说都是小菜一碟。一开始的时候，我并不是很确定自己是怎么想的。这是一种臆测。这个舞台上的制版师可以痛苦但自由地去摸索我给他们的题目。要创造出新的东西别无他途。”*Unlimited: Comme des Garçons*, 2005

“我只是把我感觉美或好的东西浇注成型。那是一切的起点。”*Unlimited: Comme des Garçons*, 2005

“我并不是想着，来，让我们……让我们做些‘不成形的’东西吧！一些创造性的东西来源于多种材料的混合并且也要经历一些意料之外的事情。这更像是无意识地选择而非下意识地追寻。”*Unlimited: Comme des Garçons*, 2005

“在我们工作室工作，你需要对创造的概念有极大的反思，并且允许你自己被一种更深刻的和意味深远的设计的感觉所取代。”*Vogue*（France）, 2006.9

“所有的时装系列，我都是抽象地开始的。我尽力找到两三个完全不同的主题，然后思考用一种非直接的方式去表达它们的技艺。这也是整个过程中最漫长的部分。我在这上面花了最长的时间，因为我在追寻一些不存在的东西。这就像是在解禅宗公案［之谜］。”*Sunday Times*（London）, 2008.3.2

“每个时装系列我都是从一个词开始的，我从来都不记得这个词是哪来的。我从来不从一些历史的、社会的、文化的或其他任何确切的参考或记忆开始。当我找到这个词之后，我不以任何逻辑的方式展开它。我刻意避免找到这个词后的思索过程中的任何顺序，反而去思考这个词的对立面，或者不同于它的事物，或者它背后的东西。”*New York Times*, 2009.6.8

“有时我必须表现得坚强。只是表现得就可以……如果你只是想着，哦，太糟糕了，我该怎么办……我该怎么办，一切都不会改变。每一季我都会陷入对我呈现的作品的恐惧和不满。但是我总有办法从中站起来并使之变得更好。”
Asahi Shimbun, 2012.1.7

“每天我感觉像是在方方面面都很饥渴，我什么都缺。在那种思维状态下我遇到的东西可能会创新……当我提出一个想法，我不会犹豫。我就做了决定……没有参考，不听劝告，没有数据……从来没有。也许这是因为我仅仅是跟着感觉走，但也是因为我总在思考，总在寻觅。我总是保持渴望。”
Pen, 2012.2.15

“一开始我有些零碎的东西。后来它们开始汇聚成形。在接下来的两周你开始看到某种形状或者准备。不但是为了服装，也是为了整个秀。最终，一切都加在一起了。”
Pen, 2012.2.15

“我的设计过程从未开始也从不终结。我总是希望仅通过我的日常生活来找到一些东西。我不做案头工作，也没有一个时装系列准确的起点。从来没有情绪板，不过目布料样品，不做素描，没有顿悟时刻，没有寻找全新事物的终点。在日常生活中，我希望能找到一些触发灵感的东西，然后一些完全无关的东西浮现了，接着可能第三个无关联的要素不知从何处便产生了。常常在每个时装系列中，大约三个这样意外汇聚的种子形成其他人眼中一个最终的产物，但是对我来说这绝不是重点。没有一个时刻我认为，‘成了，清楚了’。如果有一瞬间我认为什么被完成了，那么下个东西将会是不可完成的了。这些要素经常是在时间和维度上分离的。这个也许是情绪，下个是图案的形象，第三个是我曾在哪儿见过的一个物体或者一张照片。我从来记不得这些要素是从何时何地混居在我的脑海中的。我相信协同和变化。”
New York Times, 2012.5.31

“创作的过程对我来说是个只能通过我的日常生活不断达成的活动。这是因为我活着，购物，读报，在商店工作，运营公司，所以我能找到一些什么。”*Newsweek*, 2012.6.4/11

“我不喜欢解释服装，包括我如何制作它们，它们的主题等。因为服装本身正是你所看到和感受到的那个样子。
这就是我想要的……去看和感受它们。
关于它们我是如何想的，这些构思从何而来，过程是什么，都不是我喜欢跟人们聊起的事。”*Style.com/Print*, 2013 年秋

“[我] 从一个暂定的主题开始。在脑海中我有一个抽象的形象。我矛盾地（用相对立的角度）思考我曾用过的模式。我把一部分模式用于非常之地。我打破“衣服”这个概念。我想将常为一用之物施以百千用。给我自己以限制。我追求一个非全然自由之境。我幻想一个仅有极小极窄可能的世界。我关闭我自己。我认为迄今为止一切做衣服的方法都不够好。” *System*, no.2（2013 年秋冬）

“它可能来源于我脑海中的某处。冒出来的常是一个孤立而又果断的念头。我是个快速决定者。最终的决定都是这样进入心中的。很难解释那是一种什么样的感觉。”
Switch Magazine, 2015.3

“在创作过程中，意外十分重要。我不去想它。但是也许基础在那儿。意外和巧合都为创造者服务。” *Switch Magazine*, 2015.3

“如果你有绝对的设计自由，你不会得到很有趣的东西。所以我给自己设限并推动自己克服限制，来创造全新的东西。这是我给自己的折磨，是我该历经的痛苦和挣扎。所以这是自找的，但我认为这是创造出强烈的、卓越且全新的东西的唯一办法。” Elle.com, 2016.3.4

“制作一个东西总是有模式的，但是出发点必须是我未曾见过的东西。这不是两个维度的，而就像是一个例子。我像个雕刻师一样研究图样。我尽力让 [团队] 不要去围绕一个身体工作，[而是] 在一个自由的空间，在一张桌子上。工作基本是在平面上的…… 最后百分之十的工作才是面料，当它要成为一个真实存在的东西的时候…… 我几乎不画任何素描草图；身体上没有任何配件，没有模特进来说，‘有点像这样’。一开始的时候，甚至没有一个主题。我们所做的第一件事是围坐在一张桌子旁边，讨论我们可以从日常生活和空间中获得什么。这就是如何开始的，完全抽象地。没有那种。‘哦，让我们用秘鲁色’，或者‘让我们做褶裙’，你明白吗？……我有点像讨论的向导和领头者。它可能来自我，也可能出自其他人，也可能是一个混合品。那是一个真正的协会。我领导它，指导它，启发它。” Elle.com, 2016.3.4

“创造全新的衣服是我自己个人的问题。那是个折磨……有点像我淹没在黑暗里。我从一个想法开始，然后事情开始一股脑地以最杂乱无章的方式汩汩涌出，然后渐渐地，它们进化成最终的样子。我不能用其他任何方式阐述这个过程……这是个吃力不讨好的工作。我不推荐任何人做这个工作……随着时间的推移，它变得越来越难…… 每个新的时装系列都令我吃惊。” *Vogue*（France）, 2016.10

关于材料

“我的衣服最终也许很贵，不是因为公司赚取很大的利润，而是因为我们创造了特殊的面料，并且有牵涉很多细节的特定的技艺。与其一个月或一年买三件便宜衣服，不如买一件负担得起的贵衣服并享受它。比起做许多衣服，我希望人们能珍视创造力，这样世界才不会充满垃圾衣服。” *i-D*, no.104（1992.3）

“有时你能用常规的面料成功地表达你自己。有时你必须把材料抽离它的语境你才能表达清楚你的意图。这样，你才能谈到服装设计师的技艺。这需要大把的时间和努力；除此之外，服装时常还需要手工制作。” *De Standaard*, 1997.3.7

“每个时装系列我总是喜欢从零开始，因此我们所有的面料都是我一针一线用自己的技艺做出自己的面料。有时它们会因为全新的制作过程而显得特别。我做了很多试验去尝试发现全新的东西。” *SHOWstudio*, 2004.5.28

“我们不考虑潮流。我们总是喜欢聚酯面料，而且在最近的 25 年一直实验并使用着它。我们一直相信，面料技术在创造中从来都是至关重要的，并且要从一针一线开始设计每个时装系列。” *W Magazine*, 2008.3

“我发现自己对材料关注得越来越少，如果我被告知要用周围仅有的材料工作，我会拒绝。我确实不认为材料是要首先考虑的，但也承认巧妇难为无米之炊。在过去的 15 年，我确实一直使用随处可见的东西作为主面料。我探索材料已经很多年了…… 自然更多地关注我之前未做过之事……创造新材料或者十分在意材料的选择不足以使一整个系列变得新鲜。表达的新形势不是材料，也不是衣服的形状，而是感觉。” *Vogue*（Japan）, 2012.10

“我尽力不用过去曾用过的方法。有时一些东西确实会重新流行，但我尽量不用它们。所以，我能用的材料少之又少，并且越来越难。但是这是我的原则，我没办法。”
Vogue（Japan）, 2014.2

关于颜色

“如果我能做个全黑色的系列，我会的。”
Sunday Times（London）, 1986.4.20

“我用三种黑色做设计。” *Guardian*, 1987.1.22

“颜色提取自形式。” *Blueprint*, 1987.7

“[黑色] 不再是强烈的并且越来越难以使用……[它] 花了 15 年才遍布各处。” *W Magazine*, 1996.10

“在过去的几个季节我使用我喜欢的颜色…… 但是评论家们完全曲解这一信息。‘看，Comme 的用色’，他们说‘她一定很幸福。’但是那是个极大的误解。事实上颜色跟幸福有什么关系？” *De Standaard*, 1997.3.7

“我已经很多年不用黑色了。我不知道为何它的权威依旧存在这么久。”*Talk*, 2000.4

“自从我第一次在巴黎展示黑色的衣服以来，20 多年了，这个颜色已经完全失去了它的独特和力量。”*Dazed & Confused*, 2004.9

“我很长时间没用黑色了，对我来说也没有转向一种新乐观主义。这不是我的工作方式。当一个时装系列到来时，我接手它，从零开始，不去想上一个或其他任何一个系列。”
Big Magazine, 2007 年秋冬

“总是有变革，当黑色不再是新的东西，我便去追寻更新的。”*Purple*, no.18（2012 年秋冬）

“红是黑的。”*W Magazine*, 1996.10

“红色一如黑色般强烈。”*International Herald Tribune*, 2001.4.24

“在强烈感上，红色与黑色相当。黑色作为一个颜色的优势已经不复存在了。”*Love*, 2015 年春夏

“金色是新的黑色……别人用金色的方式是代表权利、金钱、成功和雄心，但是这不是我的方式。我通过像使用别的颜色一样使用金色来取消金色的现实意义……就像它是黑色或红色。这是颠覆性的。”*The Independent*, 2011.6.6

关于 Comme des Garçons

“Comme des Garçons 不同于其他日本公司……因为到目前为止这个公司成长了很多，并且因为我同时兼任董事长和设计师，公司依靠着我的设计存活。这是个激励。商业上的成功是十分重要的。”*Daily News Record*, 1983.5.9

“我的衣服应该反映我们所生活的时代的氛围，并且我希望 Comme des Garçons 是一个人探索自身时尚感的机会。”*Comme des Garçons promotional material*, 1984

“[我开始于生产] 我认为时尚和新潮的衣服。但是它们也是商业的；我在做生意，我必须支持我自己。”*Vogue*（US）, 1987.8

“在公司可负担的增长量与创意总量之间有着一种敏感的关系。我必须保持一种紧张的平衡……并且如果我想到这种紧张——而且我确实会想到它——我就会深受影响。”*Interview*, 1993.3

“在一开始，我从来没想过卖衣服。但是不知怎的，当我设计的时候这个想法就出现了，结果就是你所看到的样子了。”*Interview*, 1993.3

“我有四个平等的目标：做生意，有着个人前进的方式，让穿我衣服的人感到积极向上，表达我的所思所想。”
Times Magazine（London）, 1993.11.20

“在 Comme des Garçons 最重要的事情不是销量。最重要的是你赋予你所做事情的价值，而不是结果。我们企业文化的一个目标是让人感到自己更加积极向上。不论经济上发生什么，凭借着这一点我们总能挺过去。我们并没做什么特殊的事来让人觉得积极，但是我们所共有的就是对 Comme des Garçons 的一份热爱和对我们所做事情的一种信念。在日本，很多公司都有一首公司歌曲。我们并没有一首 Comme des Garçons 歌。”*Mirabella*, 1995.3

“如果我致力于经济上的成功，那我将会是另一番说辞。我将会用这样的词作为策略：营销和成功。但我的世界里没有这些术语。”*De Standaard*, 1997.3.7

“Comme des Garçons 不仅仅是关于衣服的，也是关于一种生活方式——关于个人化的表达和自由。”
Elle Decoration（UK）, 1997.10

“我认为我对于 Comme des Garçons 的使命就是创造前所未有的东西。一直以来，我感受到通过夸大特定细节来强调这种创新的需求，在时装系列中，衣服始终都是可穿的。我认为接触这种实验性的服装允许一定程度的解放。它解放了精神。”*Elle*（France）, 1998.2.2

“Comme des Garçons 确实是某些特定价值观的表达，在这一表达中，所有事情都很重要。它远不是只关于服装的。空间，环境，做生意的方式，所有的一切都被认为是用 Comme des Garçons 的方式。所有一切都是相互联系并在脑海中被设计为一个整体的。”*Arude*, no.13（1999）

“我的首要任务是做出强烈的、令人兴奋的并且富有创造力的衣服；我的第二任务，是卖这些衣服。事实上，我们所做的就是为它们提供一个市场——虽然很小。”*Talk*, 2000.4

“没有独立精神，我们所做的一切都是不可能完成的。我们要一直保持独立性，因为这意味着自由，那是最重要的事了。”*i-D*, no.218（2002.3）

“管理和设计最好不要分开。只管设计的设计师需要跟商业伙伴合作。他们很容易被带入一个商业导向的圈子，在那里，你将不能再享受创作的自由。这是不利的。如果你身兼二者，你会在心中保持一个平衡。你应该能够通过管理你的创造性思维和商业思维达到一个适度的平衡。我相信这些同样适用于管理的层面。”*Unlimited: Comme des Garçons*, 2005

“如果必须要选，我会优先于商业选择创造力。”*Unlimited: Comme des Garçons*, 2005

“在创造力和商业性之间找到一个适当的平衡一直是我的工作。这二者不必非得是对立的。”*H&M Magazine*, 2008.8

“我们的事业是创造。如果我首先想到的是售卖它，那么我将不能开始做任何东西。”*W Magazine*, 2008.9

“衣服的制作不是表达 Comme des Garçons 本质和价值观的唯一方法。”*Wallpaper*, 2008.10

“Comme des Garçons 本身不可能吸引每个人。如果是的话，那将会是 CDG 的末路。我们必须保持［不能］被每个人理解的创造悖论 —— 然后通过它间接的力量，我们才得以延续。”*Newsweek*, 2012.6.4/11

“虽然每天我都在想着销售，但是当我做一个时装系列的时候，我所想要的全部就只是让人们感受这种力量。”*WWD Collection*, 2012.11.18

“Comme des Garçons 的使命是一直做全新的东西。如果在这一点上变得迟钝了，这个公司便没有未来了。我们的目标不是卖得更多。制造全新的东西永远是第一位的。”*Ginza*, 2013.5

“衣服的形式和细节不是你唯一必须创造的东西。创造的方法是不同的；用你自己的方式组织一切，这样你才有自己的自由。创建一个公司当然是一个大的创造。生意也是设计的一部分。”*Ginza*, 2013.5

“时尚产业有拿走或扭曲创造自由的趋向……［成立一个独立的公司的］好处在于我是自由的，我不用注意到不利的一面。”*Style.com/Print*, 2013 年秋

“它开始于［我称之为］kachikan 的东西［一种价值观］——这是我们所说的 Comme des Garçons 的语言……它开始于一种语言，并且就像是所有 ningen［人类］那样，它在每个阶段都在生长和进化。”*System*, no.2（2013 年秋冬）

“Kachikan 不会改变，因为它就是我。因此，它是不变的。然而，随着创作变得越来越难，我变得越来越苛求，我的满足点变得越来越高。在这种意义上，我的价值观可能就变得像是在等待前所未有的东西。”*Vogue*（Japan），2014.2

“挑战精神是我们公司的支柱。”*Senken Shimbun*, 2015.1.6

“今天那些做衣服的人也应该能够经营生意……‘生意’这个词听起来很没意思，但是每个设计师都应该对如何销售，如何吸引顾客负责。那也是创造的一部分。我把它叫作‘创造市场’。”*Senken Shimbun*, 2015.1.6

“我一直把我想做的事情融入我的工作。我想对我所做的东西承担起最终的责任，并且一直跟随它走到最后。这就是为什么对于设计师来说处于公司的高层是有好处的。”*Switch Magazine*, 2015.3

“创作和做生意之间没有什么区别。好的时装并非一定畅销。但一个公司的商业运作必须是有创意的、革新的、多变的，它对创造力的支持必须渗透在方方面面。它就像一件新的剪裁一样重要，从某种意义上说，它们一个是另一个的扩展，但是我认为它们是一个整体。这是一种脆弱的平衡，这就是为什么我拒绝任何一个经济上的赞助者进入公司。”*Guardian*, 2015.9.20

“虽然设计师在秀中呈现出来的设计是不考虑它们如何销售的，但是我们接到了数量惊人的订单。当顾客告诉我们，这些在制作中毫不妥协的衣服正是他们想要的时，这很令人满足。”*Yomiuri Shimbun*, 2016.1.13

“我一直只做我一开始打算做的东西，从来不对 Comme des Garçons 的价值观摇摆不定，也不考虑时尚界其他各处正在发生什么。”*AnOther Magazine*, 2016 年秋冬

“一个人应该不遗余力。有一个可持续的商业模式也是关键。我始终在想将创造力与商业增长潜能结合起来最好的方式是什么。事实上，Comme des Garçons 不做生意，Comme des Garçons 在创造生意。这一哲学与全新样式的创造相伴而生。这个品牌的核心在于利用‘新奇’。”*Vogue*（France），2016.10

关于穿 Comme des Garçons

“作为女人，我也许对明白这些衣服的感觉有很大的便利。”*Vogue*（US），1987.3

“我为有积极外观的人们设计衣服，为那些希望自由自在生活、摆脱传统的人设计衣服。很难让每个人都明白我的衣服。这对我来说没什么关系。”*Times Magazine*（London），1993.11.20

“如果［女人］对 Comme des Garçons 感兴趣，她们内心某处必然有更高级的冲动。”*Mirabella*, 1995.3

“［顾客明白我的衣服］不如人们找到自己穿我衣服的方式重要。我不深思人们颇具讽刺意味的理解。我发现这很有趣，但是我满足于人们穿衣服的趣味。”*Mirabella*, 1995.3

“我一直觉得如果有人因为标签想要穿我的衣服，那么他们仍然有可能突然感觉到更好一些。如果那样，那我就算取得了一些成就。如果他们真正觉得衣服好，一些东西会从此处发芽。”*De Standaard*, 1997.3.7

“在设计衣服时，我不区分公共场所和私人场所。如果有人觉得穿 Comme des Garçons 是自由的和热烈的，那么不论是在私人场所或公共场所他们都会如此觉得。”*Paper Magazine*, 1998.9

“我尽力创作新的、前所未有的衣服，我希望当人们穿着它们的时候能够得到力量，并觉得积极向上。”*Radical Fashion*（London: V&A Publications, 2001）

“如果衣服是精神自由的，穿的人能感觉到。”*Unlimited: Comme des Garçons*, 2005

“既与时代的感觉共鸣，又鼓舞人心的设计可能是最好的。即使你的衣服是畅销的，但做些不会令人兴奋的衣服是无聊的。当那些并非真的穿 Comme des Garçons 的人告诉我仅仅通过触摸我的衣服他们便觉得精神上备受感动或感到兴奋时，我就会变得很开心。当我们的衣服可以对那些仅仅只是看着它们的人们造成强烈的印象时，我意识到衣服可以做些不凡之事。”*Unlimited: Comme des Garçons*, 2005

“我听人们说，无论何时，他们穿着我的衣服都会觉得自由和充满力量。尽管这是我创作的自然结果，但让人们有如此感觉不是我的意图或目的。但是为了穿我的衣服确实需要做出特别的努力。这些努力一旦达成，穿着者便会收到感觉上更加有力量的回报。现在，我们当然不是在谈论 Comme des Garçons 生产的所有东西。我们确实做了很多传统的衣服。不过，也要努力欣赏展台上的衣服，然后最终，穿上它们。”*El País S Moda*, 2006.10.1

“如果穿着者感觉到这个衣服是为追求新的东西而做的——并且他的生活为此有了一些改变，我会不胜欣喜。虽然你知道我不会每天考虑这个。”*Mainichi Shimbun*, 2008.8.29

“我的首要目标是为穿 Comme des Garçons 的人提供能量并鼓舞他们。Comme des Garçons 要求穿着它们的人有勇敢和敢为的态度。我们在制作衣服时加入了许多想法，所以自然我们也期待穿它们的人也同样做出努力。”*Luxury in Fashion Reconsidered*（Kyoto: Kyoto Costume Institute, 2009）

“吸引是让别人与你做的衣服产生共鸣；买它，移情于它，然后穿上它。”*Switch Magazine*, 2015.3

“设计师是个奇妙的工作，因为你可以对素未谋面之人的生活产生积极的影响……当别人被我们所做的衣服所打动时，真的很令人开心。”*Switch Magazine*, 2015.3

“一个人穿什么是一种自我的表达。当你只是对你穿着的衣服感到舒服时，你就没有新的想法了。我想让人们感觉到些什么，并且去思考他们是谁。如果你不去思考服装，你不会变得真正自由。你需要偶尔穿一些感觉强烈的、陌生的东西。这让你意识到你的存在，并重新定义你与社会的关系。我觉得当人们与探索极限之人创作的衣服发生联系时，他们会感到一阵微弱的电流通过身体。当你穿上为反抗而设计的衣服，你会觉得内心的勇气在生长。”*Interview*, 2015.10

“如果穿我衣服的人会经历一种积极向上的情感并感到精力充沛，我会很满足。服装可以拥有那种力量。”*Vogue*（France），2016.10

关于时尚

“我所做的是一个长期的工作，然而时尚是个轮回。这是个矛盾，但是这不会困扰我。完成一个新的时装系列仍然是激动人心的。”*Rei Kawakubo and Comme des Garçons*, 1990

“时尚是有趣的，因为它总是在变动。它总是与社会运动、政治和当前的经济态势相关。”*i-D*, no.104（1992.3）

“作为一个时尚设计师，我没有发现什么巨大的乐趣。时尚业是艰难的。期待每六个月找到一个新的方向是荒唐的，但是我的客户希望我每个系列都是向前推进的。这很难。”*Financial Times Weekend*, 1993.10.4–5

“最近，时尚不那么崇尚冒险了，相反，他们开始看重营销和商业。这限制了全新的创造。我努力想找到新的方向，一种对这种状况的扭转。”*Elle*（France），1998.2.2

“[我接受时尚产业，这]不意味着[我认同]这种价值观……说到一些小事，像这个产业众所周知的一些惯例，[我]理解为什么它们是必要的，比如一年举办两场时尚活动。但一些大问题，像是给客户洗脑般地让他们相信什么是流行的什么是过时的，什么是当季的‘那个’包，然后卖给他们东西，[我]更愿意待在边缘。”*El País S Moda*, 2006.10.1

“我必须在生意场上战斗着为自己开路……在时尚产业中留给不在乎钱并且想创造新东西的人的空间太小了。”*El País S Moda*, 2006.10.1

“各种商业模式必须适合一切的口味和需求。我们需要强烈的设计，我们需要快节奏的时尚，我们需要这其中的一切。然而，如果一切的时尚都是完全民主的，我会感到绝望。持续和深度民主化的危险是对最小公分母综合征的恐惧。”*Wall Street Journal Magazine*, 2011.9

“今天时尚已不能令我兴奋，相反我会害怕人们不一定需要或想要强烈的新的衣服，害怕其实没有足够多的人与我们相信相同的事情，害怕已有一种倦怠弥漫，害怕人们只是想要便宜的快餐式的衣服，即使与别人看起来一样也无所谓，害怕创造的火焰已冷却，害怕那种对变化的热情和对现状的抗争已被削减。但我仍然喜欢它的是，扮傻，装笨，炫耀，成为炙手可热的设计师都是时尚界不可或缺的部分。创造激励着我，因为没有创造就没有进步。”*Wall Street Journal Magazine*, 2011.9

“时尚不仅仅意味着衣服，它还意味着音乐、绘画、日常物品和时尚中一切新的东西，在互联网商店你得不到的那一种刺激感。”*Asahi Shimbun*, 2012.1.7

“推动时尚的很大程度上是人们评价某些东西是新的或者酷的。如果你不包含这些东西，[你就会] 失业了。”*Vogue*（Japan）, 2012.10

“我当然想要站在激进的一边。同时，我接受标准价值集合的存在，衡量穿什么是好的，什么是酷的和有吸引力的。”*Vogue*（Japan）, 2012.10

“我认为时尚世界从来都不是一个能待得舒服和容易的地方。我的意思是从必须一直为自由做着自己想做的东西而战斗这一方面而言。”*Style.com/Print*, 2013 年秋

“我深陷于一个短期密集型创作的循环中，没有它，我将不会有对新事物的危机感和渴望。所以我认为这对我是好的……虽然这很艰难。我想知道我还能保持这样多久。”*Vogue*（Japan）, 2014.2

“[时装系列] 提供了一个产出的最后时限。并且一旦有最后时限，这将给你跟上某种循环的动力。一旦我停止一次，我可能不会再开始了。”*Switch Magazine*, 2015.3

“从食物算起，有些东西对人类绝对是至关重要的。相反，没有衣服却是可能的。没有衣服你不会死。但是，我总是相信在感受之后——比如某些东西吸引你的感觉，或者你喜欢什么东西——表达自己，是人类生活一个至关重要的部分。在这种意义上，我相信时尚是很重要的，其重要等级接近于吃饭。”*Switch Magazine*, 2015.3

“社会需要一些新的东西，一些有力量刺激并驱动我们向前的东西。时尚向前的能量正是其有趣之处。也许单单时尚不足以改变我们的世界，但是我将其视为我不断向前并提出新的想法的使命。”*Yomiuri Shimbun*, 2016.1.13

“虽然我做了十几年衣服，但我从来不关心时尚，我对向它的突发奇想作出回应不感兴趣。我所做的一切，和所有使我感兴趣的一切，是给前所未见的衣服赋形。Comme des Garçons 的整个历史都是基于我提出对我来说新的东西的愿望。事实上，这使我处在时尚的边缘。”*Vogue*（France）, 2016.10

关于批评与批评家

“我总是被误解……通常情况下，我会被这些错误阐释逗乐。”*Mirabella*, 1995.3

“每个设计师都有不同的观点。有的人为大众做衣服。其他人，我把自己算在其中，为一小拨人工作。时尚不是基于报纸预测的那样，这对我来说再自然不过了。我一直想要成为不一样的声音。至少，我尽力展示出另一面的存在。”*De Standaard*, 1997.3.7

“一些 [设计师] 确实有意 [复制]。别人看到我做过的一些东西并且以他们自己的方式融会贯通。也许令我困扰的根源在于媒体。他们突然写到关于裙子不均衡的长度，这是我这些年一直在做的事。我希望这些批评是正确的。”*Washington Post*, 1999.6.17

“对每个细节好管闲事式的执迷着实令人诧异。通过一个人的作品去了解这个人也许是更好的办法。对于一个歌手，了解他最好的方式是听他唱歌。对于我，了解我最好的方式便是看我做的衣服。”*Independent Magazine*, 2001.9.15

“我想做的从未改变，不论人们的反响是什么。我认为所有形式的方向都是完全正常和正确的。从一开始，我总是想挑战大众，强迫他们作出反应。不论是好的或坏的反响，都不重要。”*Dazed & Confused*, 2004.9

“我认为我不像以前那么被批评了，但是这也许是个坏事，因为我没有设计出那么强烈的东西了。另一方面，这是好事，因为 Comme des Garçons，更多具有挑战性的衣服被接受了。”*Dazed & Confused*, 2004.9

“假设每个人都喜欢我的时装并且说‘这个秀太棒了’或者‘这些衣服太漂亮了’，那么我会不安。我会讨厌自己做出如此易懂的衣服。”*Unlimited: Comme des Garçons*, 2005

“因为大多数人拒绝接受他们从未见过的东西，并且让他们懂得需要花费时间，所以做出好的新的设计总是一个挑战。”*Wallpaper*, 2008.10

“如果批评家们的价值观和他们的生活方式是更深刻和严肃的，那么对于我来说聆听他们的看法会更有意义。”*Interview*, 2009.12/1

“有时他们把一切意义理解得太简单，我会将此视为我设计的东西不够有趣的标志。当然，这是我个人的问题，但是这样的事件绝不会让思想平静。” *Vogue*（Japan），2012.10

“当人们看到新的创造物时越害怕，我越开心。” *WWD Collections*, 2012.11.18

“人们总是说在早期我的时装引起好的和坏的两种反响时一定很艰难，但是某种意义上这是必要的。普罗大众讨厌它，某种程度上意味着你创造了少有的，没有人见过的东西。” *Ginza*, 2013.5

关于时尚和艺术

“我不认为自己是个艺术家。我不过是一个恰巧从事时尚工作的职业人员。” *Elle*（France），1998.2.2

“我做衣服的目标是使穿的人感到积极向上和备受鼓舞。我更多地认为这是生活必需的而非艺术。我认为创造力是生活中一个重要的方面。我把提供创造力视为我的事业，而不是艺术。” *Arude*, no.13（1999）

“我总是说我不是一个艺术家。对于我来说，时尚设计是一门生意。这只是做生意的一种方式。” *i-D*, no.249（2004.11）

“这是我的工作。是我所做的事。但也许这也源于希望人们可以自由且独立……时尚设计用一种方便而简单的方式来赋予这种独立性，因为每个人都要穿衣。” *i-D*, no.249（2004.11）

“你所穿的衣服可以在很大程度上控制你的感觉和情绪，并且你看起来的样子影响人们看待你的方式。所以时尚不论在实际层面还是美学层面都起着重要作用。” *Interview*, 2009.12/1

“找到不同真的如此重要吗？时尚不是艺术。时尚的目标和艺术是不同的，没有必要比较它们。” *Interview*, 2009.12/1

“我从来都不是一个艺术家。这么多年我只是一直持续地尽力去‘用创造力做生意’。这是我的第一个也是唯一一个重要的决定。这个决定首先考虑的是创造一些前所未有的东西，然后以一种能够成为一门生意的方式给创造物赋形并表达出来。我不能把设计师从女商人的角色里分离出来。这对我来说是同样的一件事。” *Wall Street Journal* Magazine, 2011.9

“时尚是依附于你自己的东西，你穿上它，与之互动，而后它的意义便诞生了。不像一件艺术品，如果不穿上它，它就是无意义的。因为人们现在想要买它，今天想要穿它，它才是时尚。时尚只是此次此刻之物。” *Wall Street Journal Magazine*, 2011.9

“因为时尚是一种情感的东西，现在有一种将其视如儿戏的趋势，但是事实上它基于人们一种重要的力量。它不是数据或理论；它有时传达着重要的东西，让人们能够感受到它。这与艺术不同，当人们穿上它时，一种深层的理解才就此产生。我爱时尚，包括人们轻视的那一部分。时尚是有时刻性的，是即时的，时尚从‘我现在想穿着它’的感觉开始产生。有一些难以捉摸，有一些开朗友善。正是这极其无常的变化让它得以传达着重要的东西。” *Asahi Shimbun*, 2012.1.7

“如果……艺术家有时符合制作和销售一些东西的模式，那么［时尚］可能会是艺术。如果画家必须通过画廊出售他的画作，那么也许出售衣服是一样的。” *Switch Magazine*, 2015.3

1942 川久保玲在东京出生。

“在战后的那些年，我觉得并没有被剥夺太多的东西，所以那些经历对我日后的生活，对我想要建立和运营我自己公司的决心，并没有产生决定性的影响。” *Daily News Record*, 1983.5.9

“[作为一个孩子，我对时尚最早的记忆是] 海军、白色和波尔卡圆点。” *Dazed & Confused*, 2004.9

“一直到 15 岁左右，我的衣服都是妈妈做的。我也穿学校的制服…… 我确实对我的袜子做过些手脚来表达自我……我把它们推得很低。但是在那个时候……” *Interview*, 1993.3

1964 毕业于庆应义塾大学，她在这里学习了艺术和美学。

“我研究美学，但那跟我对美永恒的追寻真的没什么关系。” *De Standaard*, 1997.3.7

“学习时尚训练的课程是有帮助的，但我并不后悔没有这么做。如果你有足够的时间通过一种自然的方法来训练自己的眼睛并培养美感，我更推荐这一种方式。” *Rei Kawakubo and Comme des Garçons*, 1990

“我认为更重要的是我凭借自己的力量开始做我想做的事情。” *i-D*, no.249（2004.11）

加入纺织品制造商旭化成株式会社的广告部。

“我一直计划去工作…… 我身边 99% 的人 —— 我的朋友，我的同龄人 —— 都计划着毕业后结婚，顺从于传统式的包办婚姻。我有些不同的想法！” *Interview*, 1993.3

“我当时在公司的底层，但是那个老板是个不同寻常的男人，他相信应该允许女人尽一份力，因此我能够见到一些摄影师并且了解这个广告世界。我当时是做调研，收集数据和一些诸如此类的事情。” *Rei Kawakubo and Comme des Garçons*, 1990

1966 离开旭化成株式会社，成为一个自由设计师。

“[在旭化成] 我被要求设计印刷广告和电视广告。我非常喜欢这个工作，以至于两年之后我决定辞职做一个自由设计师。” *Vogue*[US], 1987.8

1969 发布 Comme des Garçons 时装系列（女装，川久保玲的“创造物”）

“一开始，设计衣服不是一个主要决定，这件事发生得要轻易得多。作为一个设计师，比起那些艺术指导或者摄影师，我的责任很小。我对于自己正在做的事感到很受挫，我想要做更多。” *Rei Kawakubo and Comme des Garçons*, 1990

“我从未像别人那样梦想成为一个时尚设计师。当我年轻的时候，那只是一个做着我力所能及的事情来糊口的路子。” *Independent Magazine*, 2001.9.15

1973 在东京创建 Comme des Garçons 有限公司

“我想要工作，但是首先，我想要自食其力。对我来说，独立一直是最重要的。我也想要做一份与日常生活紧密联系的工作。这就是为什么我既没有成为一个艺术家，也没有成为一个建筑师或雕刻家。那也是有可能的，但我做了完全不同的选择。我选择去设计衣服。” *De Standaard*, 1997.3.7

“一开始不光是设计衣服，我想设计一个表达我内在价值观的公司，因为我想独立于任何有钱人。” *Vogue*[US], 2006.9

1975 在东京首次展出 Comme des Garçons 时装系列。1999 年在东京展出女性成衣系列两次。

“我大概是第一个启用非专业模特展示时装的设计师。现在每个人都这么做。” *De Standaard*, 1997.3.7

“我尽力在每个时装系列中都以最强烈的方式展现一个主题。通常，我会围绕一个颜色建构一个形象，并且仅关注本质的东西。妆容、发型、音乐，它们都是为了强化这个形象并增强衣服的风格。我努力用尽可能少的材料，不用配饰，来保存衣服的本质。这也是为什么我很少在人前展示我自己。公众了解我更好的方式是欣赏我的衣服。” *Elle*[France], 1998.2.2

在东京青山区开了第一家 Comme des Garçons 旗舰店。

“[对于我在东京的第一家店]，我尝试了一种与传统服装店面不同的方式……前面展示的橱窗……常常是空的而衣服放在店铺后面的房间里。我会做好衣服，把它们带到精品店跟顾客进行日常互动。精品店里没有镜子，这是强调买衣服是因为它带给你的感觉而不是它赋予你的样子的理念。” *Guardian*, 2015.9.20

1978 发布 Comme des Garçons Homme（男装）

“Homme 是我关于男人的样子的概念，精细，不像很多男性时装系列一样过时。它是我为喜欢与之工作的那种男人设计的。” *Daily News Record*, 1983.5.9

1981 首次亮相巴黎，展出 Comme des Garçons Homme1981/82 秋冬系列

“你在展台上看到的不一定是我期望女性去做的。那是让生活有趣的东西。” *Detroit Free Press*, 1983.5.15

发布 Tricot Comme des Garçons（女装）

发布 Robe de Chambre Comme des Garçons（女装）

“没有太多的人愿意穿 Comme des Garçons，所以我们通过设立新线来扩展我们的品牌。如果一个产品有趣且富有创造力并能够让我们挣钱 —— 而且是按那个顺序 —— 我们会考虑它。”

艾德里安·乔夫，Comme des Garçons 首席执行官，引自 *Vogue*（France），2006.9

1982 在巴黎建立 Comme des Garçons SAS

加入法国高级时装公会（Fédération Française de la Couture,du Prêt-à-Porter des Couturiers et Créateurs de Mode），法国时尚工业的管理者

“我对这个公司没有想象，一件事接一件事做，然后这个公司就成了现在的样子。” *New Fashion Japan*（Tokyo and New York: Kodansha, 1984）

在巴黎艾蒂恩马塞尔大道上开了第一家Comme des Garçons
海外旗舰店（2001年搬到圣奥诺雷街）。

“我不是以开一个追求销量的店为目标的。我希望我们的店去实践Comme des Garçons的精神，去表达我们自己的价值观。” *Arude*, no.13（1999）

加入纽约的设计师集体贸易组织。

1983 收获来自东京的Mainichi Shimbun的Mainichi时尚大奖。

“时尚在最纯粹的意义上不是狭隘的，也不是一种特殊商业考虑下的产物。在重新评估并提出新的方向时，‘真正的’时尚致力于预测未来，并要能在时尚设计史上创造一阵重要的潮流。” *Comme des Garçons promotional material*, no date

发布Comme des Garçons的家具线。

“我已经疲于为我的衣服创造尽可能完整的环境，所以家具是一步自然的前行——这是一个用不同的方式创造的机会。Comme des Garçons一直是关于一个整体环境的。”
Elle Decoration（UK），1997.10

“这个椅子和桌子不是为满足家具的功能而设计的，只是发展自我喜欢的形状和材料的质地。因此这个椅子不是为了坐的，桌子也不是为了写字的，而是，为了让我喜欢的东西处于我的空间，我才设计了这些家具。” *The Face*, 1987.3

在美国的伍斯特街上开了Comme des Garçons旗舰店
（1999年搬到了西22街上，2012年翻新。）

“我想创造一个空间，在那里我不用挂心其他的东西——尽可能地放松自己。” *New Fashion Japan*, 1984

“我想让［我在切尔西的店］只为对Comme des Garçons感兴趣的人而开。我想也许只为个人、志同道合之人开一家店是一种全新的举动，不是为大众，不用去迎合每个人。”
Arude, no.13（1999）

1984 在巴黎发布并展出Comme des Garçons Homme Plus
（男装，川久保玲的“创造物”）

1985 展览“川久保玲，杉本贵志，安藤忠雄（Rei Kawakubo，Takashi Sugimoto，Tadao Ando）”探索了时尚、室内设计和建筑设计的结合，在东京萨佳科展览空间举行。

“Comme des Garçons展出的环境对我们公司价值观的整体表达是至关重要的。我跟建筑的关系因此变得意味深长。”
Talk, 2000.4.

1986 在纽约创办了Comme des Garçons有限公司

获得了纽约的国际时尚集团（Fashion Group International）颁发给在时尚业有所作为的女性的
“夜之明星奖（Night of Stars）”。

“你如何定义成功，这是个问题。我不觉得我在挣钱上是成功的，不像一些美国设计师。我确定所谓的成功设计师是有豪宅和劳斯莱斯的。但是在东京我没有这些东西。”
Sunday Times（London），1986.4.20

“那不是个性。那是个艰难的工作。上个秋天雅诗·兰黛（Estée Lauder）在时尚集团接受她的成就奖的时候，她说她一切并非偶然。她工作。我也是。我每天都努力工作。这就是它的全部——许多辛劳的工作。” *Vogue*（US），1987.8

“我不是天才，所以我必须尽我所能地努力工作。”
Switch Magazine, 2015.3

展览“MODE et PHOTO: Comme des Garçons”，以川久保玲的设计摄影为特定，在法国巴黎蓬皮杜中心（Centre Georges Pompidou）举行。

“我希望摄影作品中衣服能传递出信息。我希望拿走诸如模特的姿势、风格和有趣的背景等联合在一起的诸多元素，让衣服独自完成自己的使命。我尤其喜欢那些凭自身实力明白衣服力量的摄影师，并且在他们的摄影作品中把这种力量带出来。” *Vogue*（Japan），2012.10

1987 发布 Comme des Garçons Homme Deux（男装，西装）

“一个人制作男装不会像制作女装那样有创造力，这绝对是真的。两百年前，这可能完全相反。” *The Independence*, 2004.10.21

发布 Comme des Garçons Noir（女装），这个女装线后来停产了。

“三个女性：玛德琳·维奥内特，克莱尔·麦卡德尔，川久保玲”展在纽约时装技术学院博物馆举行。

“很不幸那个时候我还不是非常了解麦卡德尔和维奥内特。我创造了我所能创造的最好的空间来展示我们的衣服。尽管我很怀疑‘三个女性’这个题目（这对我来说和‘成为一个女人’没什么区别），我还是很荣幸能参与其中。”
Arude, no.13（1999）

1988 收获第二个 Mainichi 时尚大奖。

“时尚设计是个很重要的表达价值观的好办法：努力工作，变得强大，合作，为你信仰的东西而活。对我来说，时尚设计仅仅只是我对于生活感受的表达。” *i-D*, no.249（2004.11）

发布 Comme des Garçons SHIRT（男装）。

推出一年两刊的杂志 *Six*，其发行到 1991 年。

“高水准时尚必须有个关于它的谜题。[*Six*] 是下一步：时装系列的视觉表现，纯粹的图像表达。” *New York Times*, 1998.8.30

“[*Six*] 是我与各种艺术家合作的起点。[我发行它是因为] 我想用不同的、辅助的方式表达和交流公司的价值观，不仅仅是通过服装。” *System*, no.2（2013 年秋冬）

1991 获得巴黎凯歌皇牌香槟（Veuve Clicquot）颁发的年度商业女性奖。

“说我‘设计’了这个公司，是真的，不光是服装。创造不止于衣服。新的有趣的想法，革命性的销售策略，意料之外的合作，培养内部人才，都是 Comme des Garçons 创造力的证明。” *New York Times*, 2009.6.8

“我表达的方式 —— 不仅仅是通过衣服，还有直接的邮件，店铺设计，***Six*** 杂志…… 我想这完全被证明是对的。这么多年，我一直想知道这是不是正确的，但好像直到最近这些年，这一切都生效了。” *WWD*, 2001.1.4

在东京武涉谷的展览“‘东京产品设计’91”中展出。

“在 Comme des Garçons，一切都被创意联系起来：服装设计，平面造型设计，室内设计，商业策略，营销方式。所有这些，各有它们自己的目标和效用，并且当这些汇聚为一股力量，一个形象，那会很有趣，但也很困难。”
New York Times, 2005.8.28

“Comme des Garçons”家具展在VIA（Valorisation de l'Innovation dans l'Ameublement）画馆举行

“这些东西介于功能性家具与使用独特成分材料来表达一个整体形象的造物之间。我喜欢坚硬的、固态的材料的感觉，像钢筋、铁和铅。与喜欢是因为好用或功能性强的信念不同，我用一些东西纯粹是因为我喜欢。衣服也是如此。”

Rei Kawakubo and Comme des Garçons, 1990

“一件衣服也许并不舒服，但如果你喜欢的话，你依旧会穿着。设计家具的原则与设计时装是一样的。” *i-D*, no.104（1992.3）

1992 在东京发布并展出Junya Watanabe Comme des Garçons（女装），由渡边淳弥（Junya Watanabe）设计。

与Comme des Garçons国际（以及后来的丹佛街市场国际）首席执行官艾德里安·乔夫结婚。

“渡边淳弥是公司扩展战略的必要一环……如果1+1不能大于2，那么合作则没有意义。” *Wall Street Journal Magazine*, 2011.9

1993 发布Comme des Garçons Comme des Garçons（女装，川久保玲的“风格”）。

在巴黎展出Junya Watanabe Comme des Garçons。

“Comme des Garçons的目标是创造，每一个季度，形式上我们前所未见的、全新的衣服。然而Comme des Garçons Comme des Garçons不是一个副线品牌，而是25年之后我自己风格的综合体。换句话说，它是Comme des Garçons的基础。” *Elle*（France）, 1998.2.2

因对艺术和文学的杰出贡献被法国文化部部长授予法国文学艺术骑士勋章。

“我不是一个艺术家，我是一个女商人。当然，可能是一个艺术家式的商业女性。” *New Yorker*, 2005.7.4.

与弗兰克·阿比尼（Franco Albini）、克里斯·鲁赫（Kris Ruhs）一起在米兰卡拉·索扎尼画廊“三种声音”家具展中展出作品

“一件家具是一个纯粹的客体，然而衣服总是要用来穿的，这徒增了很多限制。” *Financial Times Weekend*, 1993.12.4–5

在京都服饰文化研究所举办“本质特点”展览，展出了Comme des Garçons Noir和研究所时装系列的西式服装。

“虽然，表面上，Comme des Garçons Noir好像在反对一切传统，但是我们发现晚礼服普遍的本质特点是与西方社会的财富和文化中发展起来的技巧相结合的。”

“Essence of Quality”展览宣传册，1993

1994 在巴黎创建Comme des Garçons香水品牌。推出第一支香水Comme des Garçons eau de parfum。

“我意识到我不能以Comme des Garçons的方式创造香水，在商业环境中这是完全不同的东西。香味在我们的灵魂中很重要。事实上我们正是从气味开始的。然而在香水生意中这通常是最后考虑的。” *Mirabella*, 1995.3

1995 参加在布鲁塞尔国立艺术中心举办的“Mode et Art 1960–1990”联合展览。

“服装打动我的地方不是因为它们是艺术，而是因为它们确实是日常生活中的必要品。创造力是生活极其重要的组成。” *Luxury in Fashion Reconsidered*（Kyoto: Kyoto Costume Institute, 2009）

1996 与英国设计师维维安·韦斯特伍德（Vivienne Westwood）合作生产Comme des Garçons面料的维维安样式。

“我一直对合作和跟不同人碰撞出火花感兴趣。事实上，我并没有跟合作者多么密切地一起工作。这更多的是基于本能和直觉而不是一起密切合作。” *i-D*, no.218（2002.3）

1997 在伦敦被英国皇家艺术学院授予荣誉博士。

“我意识不到任何聪明的方法。我的方法很简单。仅仅是在我做衣服的那一刻我的所思所想，以及它们是否强烈和美丽。” *Interview*, 2009.12/1

为摩斯·肯宁汉的“舞剧”设计布景和服装。

“摩斯很久之前就问我是否对做戏装感兴趣，但是因为完全不懂舞蹈，我觉得我做不了。然而，当我设计［身体邂逅服饰－服饰邂逅身体］系列时，我突然有一种直觉，我也能做戏装了。旧的形状在动作中被打破，新的形式被创造，这种预期让我兴奋。” *Time Out*（New York），1997.10.9–16

“在任何合作或思想交流中，我期望并希望别人的工作与我的工作和设计相遇时，能碰撞出一些火花。”
Wall Street Journal Magazine, 2011.9

与设计师马丁·马吉拉（Martin Margiela）举行了她首次也是唯一一次联合演出。
他们在巴黎古监狱展示了他们的 1998 年春夏系列时装。

“对于我来说，一个接一个地展示我们的时装是因为我希望我们对重视创造的信念，会在对相似观念的同时表达的冲击下，被更强烈地感受到。［一同展示］提供了一种叠加的强度和风险，这对创造过程是至关重要的。” *New York Times*, 1997.10.16

2000 获得由哈佛大学研究生设计学院、剑桥大学、马萨诸塞大学颁发的优秀设计奖，并在相关展览“Comme des Garçons：结构与表达”中展出。

“得到这个奖证明概念化设计已经被认可了 —— 这让我感到开心。” *Talk*, 2000.4.

2001 在巴黎发布并展出由渡边淳弥设计的 Junya watanabe MAN Comme des Garçons（男装）。

获得由日本文化事务署奖励杰出艺术成就的教育部艺术鼓励奖。

“我猜［人们叫我艺术家］是因为我努力在做前所未有的衣服。”
Interview, 2009.12/1

“当时尚被创造力驱动时，我认为它可以被称为一种艺术形式，只要这个东西是前所未有的，我不介意人们称之为艺术。” *Interview*, 2015.10

2001 年在安特卫普时尚节（Landed Geland fashion festival, Antwerp）与可可·香奈儿（Coco Chanel）搭档装配“两个女人（2 Women）”多场馆模式。

“许多设计师使他们的想法迎合男人对女人的看法。我认为去做一些并非固有模式中男人喜欢看到女人穿着的东西，这是需要勇气的。” *i-D*, no.249（2004.11）

被包含于由十个当代设计师组成的“激烈前卫（Radical Fashion）”展览中，于伦敦的维多利亚阿尔伯特博物馆展出。

“我关心的是，除了我之外，没有很多设计师是创新的。也许暂时会有其他设计师有着相同的创造能量，但他们是以一种商业的方式。我感觉自己像是被孤立的。”
New York Times, 1994.11.18

2002 发布 Play Comme des Garçons（男装和女装。“无设计”正是其设计），以菲力浦·帕戈斯基（Filip Pagowski）设计的一颗心形商标为特点。

“出发点不是要畅销。Play 这个概念的出发点是它不是被专门设计的 —— 甚至这个概念也是。” *W Magazine*, 2008.9

因其“打破创造界限并使她成为世界时尚领导者质疑的独特作品”获得东京 Asahi Shimbun 颁发的 Asahi 奖。

“我所能做的一切就是跟随我对创造的信念。无论有多困难，无论要如何切题，我别无选择。” *Paper Magazine*, 1998.9

“我相信创造对人们的生活和社会都是有好的影响的。没有创造力的社会生活会很无聊。在最纯粹的意义上尽力做到有创意是我的目标。” *Arude*, no.13（1999）

2004 Robe de Chambre Comme des Garçons 被并入 Comme des Garçons 并继续沿用后者名称。

因卓越成就被法国总统雅克·希拉克（Jacques Chirac）授予国家奖（the Grand Officer de l'Ordre National du Mérite）。

“无论如何［我都不］认为［我自己］有多高造诣，［我］很少对［我的］作品感到满足。” *Vogue*（France）, 2006.9

在伦敦丹佛街上开了丹佛街市场。除了销售 Comme des Garçons 线，市场商品还出自被川久保玲选中的设计新秀或著名设计师之手。

“我想创建一个市场，各行各业的人在一片美丽的混乱中相遇。相似的灵魂终会相逢。” *Dazed & Confused*, 2004.9

“我一直热爱货物市场的那种生机和混乱。”
International Herald Tribune, 2004.9.7.

开了将近四十家 Comme des Garçons 游击商店（Guerviua store）的第一家，这是品牌快闪店（PoP-up Shop）的先驱。这些游击商店 2008 年在全球陆续揭幕，每家保持营业一年整。

“我们是设计公司里少有的能侥幸完成像［这样］一些事的。品牌通常需要许多集会和展览来卖他们的东西。我们只是想向世界证明有其他办法、不同形式的商店和新的策略来达成销售的目标。人们通常认为你必须看起来不错并且有很多的钱，但我们考虑了用轮换的方法做这些事情，于是我们想出了游击商店。没有投资和吓人的花费。我们打破了时尚零售业的规则来证明不用钱开店是可能的。” *El País S Moda*, 2006.10.1.

“在过去的五年中，我们与非时尚界的伙伴在一些闻所未闻的地方或一些迄今未受限制的城市开设了 37 家不同的游击商店。我们通过与非时尚界的伙伴合作，要求仅开张一年，限制在每家店上花费的钱的数目，我们为零售业带来了一股新鲜的空气。并且这创造了巨大的销售量！仅仅是短袜，当时我们已经在卖本来锁在仓库的部分了。”
Wall Street Journal Magazine, 2011.9

2005 在巴黎发布并展出由栗原大（Tao Kurihara）设计的 Tao Comme des Garçons（女装），这条女装线后来停产了。

“我给渡边淳弥和栗园大完全的自由去创作他们自己的时装系列。我只有在大秀当天才看到他们的作品。他们将 CDG 的价值观嵌入其中。如果没有信任是不行的。”
Wall Street Journal Magazine, 2011.9

获得褒奖奢侈品的技艺、创新和设计的沃波尔卓越奖章（Walpole Medal of Excellence）。

“在日本，工匠们有着精湛的编织、漂染和缝合技艺。但是在效率和成本效益的驱动中，这些技艺和工厂都消失了。通过考虑与这些手艺人合作的设计和体系，我们可以向世界提出一种新的、极好的生产方式。” *Asahi Shimbun*, 2012.1.7

丹佛街市场获得由英国时装协会颁发的零售商奖（the Retailer Award）。

“让人们明白并来到丹佛街花了很多年。我认为最终它能如此成功是由于提供了一种交替式的购物经历 —— 并且这很难，每半年变化一次。”*New York Times*, 2012.6.31

展出公司印刷品的展览“Comme des Garçons for Comme des Garçons”在东京新宿公园塔开展。

“我的目的从来都不是显示艺术和时尚是彼此相邻的。我们的合作仅仅是创造力的碰撞，在这其中，我们的力量强于相加的总和，艺术家们的作品帮助表达和阐释当季时装系列的主题。”*Arude*, no.13（1999）

“我们的印刷品已经与艺术团体 Mondongo、电影制作团队 Brother Quay、平面设计艺术团体 Assume Vivid Astro Focus 和摄影师雷内 · 布里（René Burri）[有过合作]。通过他们的作品与我作品的协同作用，一年四季我们能够表达一个强烈的连续性的故事。”*Purple*, 2012 年秋冬

2006 发布 Comme des Garçons Pearl（珠宝）。

2007 引进 Pocket Comme des Garçons，一个出售 Play 和其他线产品的报刊亭一样的商店。在十年里，Pocket 在世界范围内扩展到三十多家。

在兰街开了 Comme des Garçons 中国香港店。（2009 年搬到雪厂街，2015 年第二家中国香港店开在铜锣湾的百德新街上。）

“我认为在每个城市都开完全一样的店是无趣的。”
Arude, no.13（1999）

发布由丸龙文人（Fumito Ganryu）设计的 Ganryu Comme des Garçons（男装）。

“[渡边淳弥、栗园大和丸龙文人是] 一个由 Comme des Garçons 价值观的代表符号组成的家庭。”
Mainichi Shimbun, 2008.8.29

“我们是 Comme des Garçons 军团。职员是一个太无聊的词。我们是战友。”*Vogue*（US）, 2006.9

2008 发布 Black Comme des Garçons（签名款男装和女装）

展出公司印刷品的展览“Comme des Garçons for Comme des Garçons”在北京 798 艺术区开展。

“第一眼，当被放在一起看的时候，Comme des Garçons 的印刷品可能被认为是非常不一致的。它从来都不是一样的，图片间没有顺序，没有清楚可识别的框架。它们共同的东西藏于表面之后，在于永恒的变化与创新。”*ArtReview*, 2005.9

在世界范围内的 H&M 商店推出 Comme des Garçons 为 H&M 创作的特别系列

“这个 [H&M] 系列是围绕 Comme des Garçons 构建的。不是旨在创造前所未见的衣服，它是要回到 Comme des Garçons 的根源。高街时尚的首要目标就是要畅销。设计师时尚更多的是关于创新。在某些方面，高街代表民主的坏的一面，最低端的公分母，但是它确实吸引我，因为很多人也许会通过 H&M 认识 Comme des Garçons。”
Independent Magazine, 2008.10.25

展览“拒绝时尚：川久保玲”在底特律当代艺术博物馆开展。

推出 Louis Vuitton at Comme des Garçons，一个售卖川久保玲设计的带有 LV 交织字母图案限量版包的临时商店。

2009 在东京原宿 Gyre 推出 Trading Museum Comme des Garçons，一个结合博物馆展览概念与商业的商店。（2013 年在巴黎临近 Comme des Garçons 商店开了第二家。）

在日本大阪开了第一家 SIX 画廊，一个展览空间。

在纽约、巴黎、伦敦、北京、首尔和东京开了 Black Comme des Garçons 商店。截至 2017 年，世界范围已经有 14 家。

"我们希望创造这样一个世界，我们收藏的、展出的、显示的、销售的所有东西背后都有缘由和故事。在那里购物不再仅仅是目标性的，会有一个商店，仅仅是看看就能鼓舞人心，并且单单是鼓舞便也可成为商业目标。一个外在于流行、时尚的销售空间，在那里，贸易和博物馆之间的阻隔轰然倒塌。"
Trading Museum: Comme des Garçons Journal, 2012.9.8.

2010 在隆齐路的曼谷爱侣湾购物中心开了 Comme des Garçons 曼谷店。（2016 年在暹罗探索中心开了第二家曼谷店）。

"商店可以开在任何地方，因为最重要的是衣服所在的空间。设计空间也与衣服本身一样基于相同的价值和创造。"
New York Times, 2012.6.5.

与三星第一毛织合作在龙山区汉南洞开了 Comme des Garçons 首尔店。

在三里屯复合商业区开了 I.T. 北京市场，是伦敦丹佛街市场的化身。

"首先，我想开一家与现在已有的商店都不同的店。然后，因为这是个生意，我们必须能够在尽可能短的时间内收回最初的投资，不论我们的还是合伙人的。所以我不喜欢用昂贵的材料。我留心让花费合理化。这很像我做衣服的方式。我给自己限制，不光是金钱上的限制，我还限制自己的表达方式，在这些限制中，我尽力做出全新的和有趣的东西。"
WWD, 2011.1.4

2011 Comme des Garçons 印刷品名录在韩国光州双年会上展出。

在乌节路希尔顿购物中心开了 Comme des Garçons 新加坡店。

"对于 Comme des Garçons 来说，它的印刷品只是整体的一部分，但却是至关重要的一部分，与它的衣服、室内设计和销售策略同样重要。每一部分都是整体表达的一个途径，一个定义核心价值的方式，是它对创造简单的信念。"
ArtReview, 2005.9

2012 因卓越的时尚设计在纽约获得了美国时尚设计师协会颁发的国际奖。

"我依旧在求索，我感到自己仍未站上任何山峰之巅。所以我不敢让自己感到太过满足。" *WWD Ninety*, 2001.7

"对我来说，无论在什么方面我都还未成功。每次一个时装系列前，我都说，'我不想让它出场。我想取消。它并不好。我什么都没做到。'" *Elle*, 2016.3.4

在东京银座小松西馆开了丹佛街市场银座店。

展览"Comme des Garçons：白色戏剧"在巴黎码头 / 时尚设计城开展。

在菲律宾马卡迪罗克韦尔东塔开了 Comme des Garçons 店。

"丹佛街市场把所有的品牌放到一起，在一个开放的，最重要的是鼓励创造的氛围里去售卖它们的产品。" *Guardian*, 2015.9.20.

"Comme des Garçons 不仅是关于制作衣服的。这些衣服在哪里售卖与衣服本身同样重要。甚至职员的名牌也是重要的。" *Vogue*（Japan）, 2001.9

2013 在列克星敦大道开了丹佛街市场纽约店。

"纽约的 DSM 将会是一个没有其他时尚商店的区域，所以我们可以给这片区域一个全新的定义并且因此改变它 —— 就像我们在伦敦苏豪区和切尔西区所做的那样。"艾德里安·乔夫，Comme des Garçons 首席执行官，引自 *New York Times*, 2012.6.5

2014 发布二宫启（Noir Kei Ninomiya）设计的 noir kei ninomiya（女装），并在巴黎展出这个女装线。

"大多数时候是直觉 —— 我从来不核算和分析一个地区的数据。我定下一个地方是基于我是否喜欢这个街道的感觉和这个地区的氛围。这是纽约店特殊的地方。" *New York Times*, 2012.6.5

2017 在登布西山开了丹佛街市场新加坡店。

"我［为丹佛街国际］选择符合我价值观的人…… 我从他们身上获得能力并且学到很多…… 我给年轻的设计师空间，期待他们能拓宽我们的视野。" *Senken Shimbun*, 2015.1.6.

“当我来到巴黎，
我曾想为我的秀想一个口号。
新闻工作者们常常认为
我是先想出一个口号
再围绕着它构建整个系列，
但事实不是这样。
我脑海里有一些无声的、
抽象的形象，
我尝试把它们赋形于
我的作品之中，
所以我常常最终在
我的试衣间回顾时才想到了一个口号。” 2012

“我更想 [这个时装系列] 没有题目。
新闻工作者喜欢题目。
这是为什么我把它们给你。” 2016

1981年之前的时装系列，或没有题目，或缺少记录。
海盗（*Pirates*），1981/82秋冬系列
靛蓝染料和扭曲（*Indigo Dye and Twist*），1982春夏系列
洞（*Holes*），1982/83秋冬系列
拼凑与X（*Patchworks and X*），1983春夏系列
手套，裙装，绗缝大衣（*Gloves, Skirts,Quilted Big Coats*），1983/84秋冬系列
圆形橡胶（*Round Rubber*），1984春夏系列
编织，丝绸＋毛衫，针织（拼凑）（*Twist,Silk+Jersey, Knits*（*Patchworks*）），1984/85秋冬系列
泥染（*Mud-Dyed*），1985春夏系列
点，聚酯褶（*Dots, Polyester Pleats*），1985/86秋冬系列
斜裁法（*Bias cutting*），1986春夏系列
粘合（*Bonding*），1986/87秋冬系列
年轻时尚，无肩（*Young Chic, No shoulder*），1987春夏系列
白衬衫＋裤子，卡其，莉莉·玛莲（*White Shirt+Pants, Khaki, Lili Marleen*），1987/88秋冬系列
（*Frontless,Lamé,Sequins*），1988春夏系列
红即黑（*Red Is Black*），1988/89秋冬系列
运动（*Movement*），1989春夏系列
从剪裁中解放（下一个新的）（*Liberation from Tailoring*（*Next New One*）），1989/90秋冬系列
重振精神（*Refresh the Spirits*），1990春夏系列
现代甜心（*Modern Sweetness*），1990/91秋冬系列
墨染，彩色玻璃（*Ink Dye, Stained Glass*），1991春夏系列
时髦朋克（*Chic Punk*），1991/92秋冬系列
未完成的（*Unfinished*），1992春夏系列
莉莉丝（*Lilith*），1992/93秋冬系列
极简（*Ultrasimple*），1993春夏系列
协调（*Synergy*），1993/94秋冬系列
古怪（*Eccentric*），1994春夏系列
变形（*Metamorphosis*），1994/95秋冬系列
跨越性别（*Transcending Gender*），1995春夏系列
甜过糖果（*Sweeter Than Sweet*），1995/96秋冬系列
万花筒（*kaleidoscope*），1996春夏系列
开花的衣服（*Flowering Clothes*），1996/97秋冬系列
身体邂逅服饰－服饰邂逅身体（*Body Meets Dress-Dress Meets Body*），1997春夏系列
成人朋克（*Adult Punk*），1997/98秋冬系列
群聚之美（*Clustering Beauty*），1998春夏系列
熔合（*Fusion*），1998/99秋冬系列
新本质（*New Essential*），1999春夏系列
变之魅力（*Transformed Glamour*），1999/2000秋冬系列
强迫（*Coercion*），2000春夏系列
坚挺与有力（能力）（*Hard and Forceful*（*Energy*）），2000/01秋冬系列
光学冲击（卷）（*Optical Shock*（*Volume*）），2001春夏系列
禁忌之外（*Beyond Taboo*），2001/02秋冬系列
民族设计（白）（*Ethnic Couture*（*White*）），2002春夏系列
自由编织（*Free Knitting*（*Freedom of Knits*））2002/03秋冬系列
极度装饰（*Extreme Embellishment*（*Adornment*）），2003春夏系列
方形（*Square*），2003/04秋冬系列
抽象的卓越（*Abstract Excellence*），2004春夏系列
暗黑罗曼史（*Dark Romance*），2004/05秋冬系列
芭蕾机车（*Ballerina Motorbike*），2005春夏系列
破碎的新娘（*Broken Bride*），2005/06秋冬系列
失落帝国（*Lost Empire*），2006春夏系列
假面（*Persona*），2006/07秋冬系列
立体主义（*Cubisme*），2007春夏系列
好奇（*Curiosity*），2007/08秋冬系列
不和谐音（*Cacophony*），2008春夏系列
坏品味（*Bad Taste*），2008/09秋冬系列
明日之黑（*Tomorrow's Black*），2009春夏系列
仙境（*Wonderland*），2009/10秋冬系列
成人犯罪（*Adult Delinquent*），2010春夏系列
装饰之内（*Inside Decoration*），2010/11秋冬系列
无主题（多重人格，心理恐惧）（*No Theme*（*Multiple Personalities, Psychological Fear*）），2011春夏系列
杂交（*Hybrid*），2011/12秋冬系列
白色戏剧（*White Drama*），2012春夏系列
二维（*Two Dimensions*），2012/13秋冬系列
压碎（*Crush*），2013春夏系列
无限剪裁（*The Infinity of Tailoring*），2013/14秋冬系列
不做衣服（*Not Making Clothing*），2014春夏系列
怪兽（*Monster*），2014/15秋冬系列
血与玫瑰（*Blood and Roses*），2015春夏系列
分离仪式（*Ceremony of Separation*），2015/16秋冬系列
蓝色女巫（*Blue Witch*），2016春夏系列
18世纪朋克（*18th-Century Punk*），2016/17秋冬系列
看不见的衣服（*Invisible Clothes*），2017春夏系列

资料来源

一行注解

8 *i-D*, no.332（2014 早秋）

介绍：边界之间的艺术

10 *Interview*, 1985.10; *Talk*, 2000.4

时尚 / 反时尚

24 *New York Times*, 1982.12.14; *Detroit Free Press*, 1983.5.15

25 *WWD*, 1982.3.19

26 川久保玲，改述自 *New York Times*, 1982.12.14

27 *i-D*, no.104（1992.3）; *Vogue*（US）, 1987.8

28 *WWD*, 1982.5.25; *Detroit Free Press*, 1983.5.15

29 *People*, 1982.12.26-1983.1.2; *New York Times*, 1982.12.14

30 *Detroit Free Press*, 1983.5.15

31 *The Face*, 1987. 3

32 *Paper Magazine*, 1998.9

34 *WWD*, 1983.3.1

35 同上

36 *New Fashion Japan*（Tokyo and New York: Kodansha, 1984）; *De Standaard*, 1997.3.7

37 *System*, no.2（2013 年秋冬）

38 *Vogue*（Japan）, 2001.9

39 *i-D*, no.249（2004.11）

40 *WWD*, 1983.3.1; *El País S Moda*, 2006.10.1

41 *Guardian*, 2015.9.20

42 *New Yorker*, 2005.7.4

43 *Unlimited: Comme des Garçons*（Tokyo: Heibonsha, 2005）

设计 / 无设计

44 *Unlimited: Comme des Garçons*, 2005; *Pen*, 2012.2.15

45 *Interview*, 1993.3; *WWD Collections*, 2012.11.18

46 *Rei Kawakubo and Comme des Garçons*（New York: Rizzoli, 1990）

47 不知名制版师，引自 *Rei Kawakubo and Comme des Garçons*, 1990

48 *Unlimited: Comme des Garçons*, 2005; 同上

49 菊池洋子，引自 *Unlimited: Comme des Garçons*, 2005

50 与作者的通信，2016

51 *Vogue*（US）, 1992.5

52 *Elle*（France）, 1998.2.2

53 同上

54 *Harper's Bazaar*, 1997.9

55 *Arude*, no.13（1999）.

56 *Interview*, 1993.3; *WWD*, 1998.3.12

57 桥本和一郎，引自 *Unlimited: Comme des Garçons*, 2005

58 *Unlimited: Comme des Garçons*, 2005

59 *WWD Collections*, 2009.4.13

典型 / 多样

60 *Interview*, 1993.3; *International Herald Tribune*, 1998.1.8

61 *New Fashion Japan*, 1984

62 *The Independent*, 2003.10.23

63 *Comme des Garçons* 时装系列笔记，2003

64 同上

65 同上

66 *Conversation with the author*, 2016.11.30

67 *Julien d'Ys*, 引自 *Unlimited: Comme des Garçons*, 2005

彼时 / 此刻：过去 / 现在 / 未来

68 *Comme des Garçons* 印刷品，1983

69 *New York Times*, 1990.4.17

70 松下宏，引自 *Rei Kawakubo and Comme des Garçons*, 1990

71 *Vogue*（US）, 1995.10; *New York Times*, 1995.3.17

72 松下宏，引自 *Rei Kawakubo and Comme des Garçons*, 1990

73 *The Independent*, 2004.10.21; *New Yorker*, 2005.7.4

74 *BlackBook*, 2000 年秋

75 *Ginza*, 2015.8; *New York Times*, 2012.5.31

彼时 / 此刻：出生 / 婚姻 / 死亡

76 *Rei Kawakubo and Comme des Garçons*, 1990

77 New York Times, 2011.10.2

78 *New York Times*, 2009.6.8

79 *Weekend Australian*, 2001.11.3-4; *Vogue*（Japan）, 2001.9

80 *Interview*, 1985.12

81 *New Yorker*, 2005.7.4

82 *Asahi Shimbun*, 2012.1.7; *The Independent*, 2001.10.11

83 *Asahi Shimbun*, 2012.1.7; *Ginza*,2015.8

84 *Style.com/Print*, 2013 年秋

85 *Vogue*（France）, 2016.10

高 / 低：精英文化 / 流行文化

86 *International Herald Tribune*, 2004.10.7

87 *Vogue*, 2004.10.4,www.vogue.com/fashion-shows/spring-2005-ready-towear/comme-des-garcons

91 *Interview*, 1993.3

高 / 低：好品味 / 坏品味

92 *H&M Magazine*, 2008 年秋

93 *Independent Magazine*, 2008.10.25

97 艾德里安·乔夫，Comme des Garçons 国际和丹佛街国际首席执行官，引自 *Hypebeast*, 2011.1.10, https://hypebeast.com/2011/1/ adrian-joffe-the-idea-of-comme-des-garcons

自我 / 他者：东 / 西

98 同上

99 *Vogue*, 2006.10.1,www.vogue.com/fashion-shows/spring-2007-ready-towear/comme-des-garcons; *New York Times*, 2006.10.3

100 i-D, no.104（1992.3）

101 同上

102 *WWD*, 1983.3.1

103 *Vogue*, 2005.10.3, www.vogue.com/fashion-shows/spring-2006-ready-to-wear/comme-des-garcons; Rei Kawakubo and Comme des Garçons, 1990

104 *Financial Times Weekend*, 1993.12.4-5

105 *Wall Street Journal Magazine*, 2011.9

106 *Switch Magazine*, 2015.3

107 *Mirabella*, 1995.3

自我 / 他者：男人 / 女人

108 *New York Times*, 1994.10.11

109 *New York Times*, 1994.11.8; *Talk*, 2000.4

110 川久保玲，改述自 *El País S Moda*, 2006.10.1

111 *WWD Collections*, 2012.11.18

112 *The Independent*, 2006.3.9

113 *Vogue*（US）, 2006.9

114 *New York Times*, 1983.1.30

115 *Ginza*, 2013.5

116 *The Independent*, 2004.10.21

117 *Gap Press Collections*, 1995 年春夏

118 *i-D*, no.104（1992.3）

119 *Madame Figaro*, 2003.10.3

自我 / 他者：孩子 / 成人

120 *The Independent*, 200712.10

121 *Vogue*（Japan）, 2014.2

122 同上

123 同上

124 *Sunday Times*（London）, 2008.3.2

125 同上

126 *Purple*, no.18（2012 年秋冬）

127 *Newsweek*, 2012.6.4/11

128 *System*, no.2（2013 年秋冬）

129 *Vogue*, 2012.3.3, www.vogue.com/fashion-week-review/862694/comme-des-garcons-fall-2012

除非另有标注，本书的所有引言均出自川久保玲。

客体 / 主体
130 *Vogue*（US）, 1997.3
131 *Village Voice*, 1997.4.1
132 艾德里安·乔夫，引自*Guardian*,2015.9.20
133 *New Yorker*, 2005.7.4
134–135 *Vogue*（Japan）, 2001.9
136 *Village Voice*, 1997.4.1
137 *Guardian Weekend*, 1997.3.1
138 *i-D*, no.104（1992.3）
139 *Unlimited: Comme des Garçons*, 2005
140 同上
141 *Times Magazine*（London）, 1993.11.20; *Unlimited: Comme des Garçons*, 2005; *Mainichi Shimbun*, 2008.8.29
142 *Style.com/Print*, 2013年秋
143 *Metrosource*（New York）, 2014.8/9
144 *International Herald Tribune*, 1998.1.8
145 *Time Out*（New York）, 1997.10.9–16
146 摩斯·肯宁汉，引自*Unlimited: Comme des Garçons*, 2005
147 摩斯·肯宁汉，引自*Time Out*（New York）, 1997.10.9–16

衣服 / 非衣服：形 / 用
148 *Washington Post*, 1999.6.17
149 *Vogue*（Japan）, 2012.10
150 *System*, no.2（2013年秋冬）
151 *Vogue*（Japan）, 2014.2
152 *Interview,* 2009.12/1
153 *Vogue*, 2008.9.29www.vogue.com/fashion-shows/spring-2009-ready-to-wear/comme-des-garcons; *Interview*, 2009.12/1
154 *Vogue*（Japan）, 2014.2
155 同上
156 川久保玲，改述自*T*（Japan）, 2015.3.25
157 *Yomiuri Shimbun*, 2016.1.13; *Vogue*, 2014.2.28, www.vogue.com/fashion-shows/fall-2014-ready-to-wear/comme-des-garcons

衣服 / 非衣服：美丽 / 怪诞
158 *De Standaard*, 1997.3.7
159 *BlackBook*, 2000年秋.
160 *i-D*, no.332（2014年早秋）
161 *Interview*, 2014.8
162 *Unlimited: Comme des Garçons*, 2005
164 *BlackBook*, 2000年秋
165 川久保玲，引用并改述自*Washington Post*, 1999.6.17
166 *De Standaard*, 1997.3.7
167 *Interview*, 2015.10

衣服 / 非衣服：战争 / 和平
168 *I.D.Magazine*, 1998.1/2
169 *AnOther Magazine*, 2010年春夏
170 *V Magazine*, 2015年春
171 *Yomiuri Shimbun*, 2016.1.13
172 *New York Times*, 1996.3.14
173 *W Magazine*, 1996.10
174 *T*（Japan）, 2015.3.25
175 同上
176 *Switch Magazine*, 2015.3
177 同上

衣服 / 非衣服：存 / 失
178 *i-D*, no.332（2014年早秋）; *Guardian*, 2015.9.20
179 川久保玲，改述并引用自*New Yorker*, 2005.7.4
180 *Interview*, 2015.10
181 *Interview*, 1993.3
182 *Elle*, 2016.3.4, www.elle.com/fashion/a33802/rei-kawakubo-interview（hereafter, Elle.com, March 4, 2016）
183 *Paper Magazine*, 1998.9
184 *Guardian*, 2015.9.20; *Switch Magazine*, 2015.3
185 *Detroit Free Press*, 1983.5.15; *BlackBook*, 2000年秋
186 *New York Times*, 2013.12.8
187 *The Independent*, 2007.6.11

衣服 / 非衣服：真实 / 虚构
188 *New York Times*, 2009.6.8
189 *Vogue*（Japan）, 2012.10
190 *Yomiuri Shimbun*, 2016.1.13
191 同上
192 *Dazed & Confused*, 2004.9; *New York Times*, 2009.6.8
193 *Dazed & Confused*, 2004.9
194 Elle.com, 2016.3.4
195 同上
196 *Pen*, 2012.2.15
197 *System*, no.2（2013年秋冬）

衣服 / 非衣服：秩序 / 混乱
198 Elle.com, 2016.3.4
199 *Interview*, 2009.1/2; *Style.com/Print*, 2013年秋
200 *AnOther Magazine*, 2016年秋冬
201 *System*, no.2（2013年秋冬）
202 *Vogue*（US）, 2006.9
203 *Vogue*, 2009.10.2, www.vogue.com/fashion-shows/spring-2010-ready-to-wear/comme-des-garcons
204 Elle.com, 2016.3.4
205 *Style.com/Print*, 2013年秋
206 *De Standaard*, 1997.3.7
207 *W Magazine*, 1996.10

衣服 / 非衣服：抽象 / 具象
208 *T*（Japan）, 2015.3.25
209 *Senken Shimbun*, 2015.1.1
210 艾德里安·乔夫，引自*Dazed & Confused*, 2016.10.2, www.dazeddigital.com/ fashion/article/33180/1/rei-kawakubo-does-comme-des-garcons-in-its-most-extreme-form
211 *Business of Fashion*, 2016.10.2, www.businessoffashion.com/articles/fashion-show-review/invisible-clothes-at-comme-des-garcons.
212 *New York Times*, 2010.10.3
213 *Mainichi Shimbun*, 2008.8.29
214 Elle.com, 2016.3.4
215 *Vogue*（France）, 2016.10

引用 / 非引用
218 *Switch Magazine*, 2015.3

时装系列题目
238 *Pen*, 2012.2.15; Elle.com, 2016.3.4

致谢
242 *Weekend Australian*, 2001.11.3–4

“我不会说自己任何好话。” 2001

我很感谢为“Rei Kawakubo/Comme des Garçons：边界之间的艺术”展览及此相关出版物提供慷慨支持的人们。特别是，我很幸运得到了大都会艺术博物馆馆长 Thomas P. Campbell、董事长 Daniel H. Weiss、展览副主任 Quincy Houghton、馆藏和行政副主任 Carrie Rebora Barratt、高级组织发展副主席 Clyde B. Jones III 和 Condé Nast 艺术总监、*Vogue* 主编和大都会艺术博物馆受托人 Anna Wintour 等人的建议和鼓励。我还要感谢服装学院慈善名誉主席 Caroline Kennedy 和川久保玲；慈善联合主席 Tom Brady、Gisele Bündchen、Katy Perry 和 Pharrell Williams；还有为这两个项目都提供了支持的 Condé Nast 集团。特别感谢 Apple，Farfetch，H & M，Maison Valentino 和华纳兄弟的支持。

我再次最诚挚地感谢川久保玲与我们在这个项目上的合作，感谢 Adrian Joffe（Comme des Garçons 国际和丹佛街市场国际的首席执行官），以及纽约、巴黎和东京所有的 Comme des Garçons。同样真诚地感谢 Thierry Dreyfus，Eyesight 集团，Julien d'Ys 和 Ilker Akyol。

特别感谢大都会前特别展览和画廊装置经理 Linda Sylling；建筑总经理 Tom Scally；展览高级助理建筑经理 Taylor Miller；设计主管 Emile Molin；设计部门的 Brian Oliver Butterfield，Maanik Singh Chauhan，Clint Ross Coller，Christopher DiPietro，Minji Kim，Aubrey L. Knox，Daniel Koppich，Richard Lichte，Yen-Wei Liu，Laura Mroczkowski，Amy Nelson，Amber Newman 和 Bika Rebek；数字内容高级经理 Lauren Nemroff；还有数字部门的 Paul Caro，Sarah Cowan，Kate Farrell，Christopher Noey，Lisa Rifkind 和 Robin Schwalb。

大都会艺术博物馆的出版和编辑部，在出版人兼主编 Mark Polizzotti 的指导下，为本书的出版提供了专业知识。特别感谢负责所有时装学院书籍的 Gwen Roginsky，我们的编辑 Nancy E. Cohen 和 Paul Booth。还要感谢 Professional Graphics 的 Patrick Goley 以及 Ofset Yapımevi 的 Sandra Kohen Filizer，Refik Telhan 和 Filiz Gürgül。衷心感谢 Fabien Baron 和 Baron & Baron 的 Yuki Iwashiro 为本书的精美设计和艺术指导，以及他们的同事 Lisa Atkin，Melinda Gananian，Brian Hetherington，Elisabeth Mestdagh，Tomie Peaslee，Jordan Quimby，Sarah Saul，Tyler Stevens，Matthew Thibault，Mina Viehl 和 Ailsa Wong。

真诚地感谢我们优秀的摄影师和他们的团队：Nicholas Alan Cope（Noemi Bonazzi，Francis Catania，Jane Gaspar）；Katerina Jebb（Jade Ambre，Jade Quintin）；Kazumi Kurigami（Tes Angel，Julien d'Ys，Arina Levchenko，Kanoko Mizuo，Yulia Musieichuck，Tsutomu Namaizawa，Takayuki Nukui）；Craig McDean（Indre Aleksiuk，Mark Carrasquillo，Lida Fox，Abby Hendershot，Julie Hoomans，Tomo Jidai，Adrienne Juliger，Peyton Knight，Harleth Kuusik，Nastya Sten，Cara Taylor，Alex White，Megumi Yamamoto）；Ari Marcopoulos（Nora Chipaumire，Denae Famada，Marguerite Hemmings，Pia Monique Murray，Kara Walker）；Brigitte Niedermair（Bette Adams，Isabelle Kountoure）；Paolo Roversi（Alexandra Agoston，Molly Bair，Anna Cleveland，Jean-Hugues de Chatillon，Julien d'Ys，Jeremy Massa，Margherita Muriti，Antonio Pizzichino，Dtouch London，PRODn Paris，Lina Takeuchi，Guinevere Van Seenus，Chiara Vittorini）；Collier Schorr（Freja Beha，Holli Smith，PJ Spaniol，Natalie Pavloski，Kanako Takase，Cara Taylor，Two Three Two）；和 Inez van Lamsweerde 和 Vinoodh Matadin（Brian Anderson，Stephanie Bargas，Tucker Birbilis，Jodokus Driessen，Joe Hume，Industria Studios，Marc Kroop，James Pecis，Rieko，Yadim，Raquel Zimmermann）。

与往常一样，服装研究所的同事们在每一步所做出的努力都非常宝贵。我对 Tae Ahn，Elizabeth D. Arenaro，Anna Barden，Lauren Bierly，Megan Martinelli Campbell，Michael Downer，Sarah Elizabeth Finley，Joyce Fung，Amanda B. Garfinkel，Cassandra Gero，Jessica L. Glasscock，Regan Lin Grusy，Anna-Maria Hand，Lauren Helliwell，Mellissa J. Huber，JulieTran Lê，Bethany L. Matia，Christopher Mazza，Laura Mina，Marci K. Morimoto，Rebecca Perry，Glenn O. Petersen，Jessica Regan，Rebecca Sadtler，Sarah Scaturro，Laura Scognamiglio，Shelly Tartar，Virginia Theerman，Neil Wu，Anna Yanofsky 和 Tracy Yoshimura 表示最深切的谢意。

我还要向服装研究所的讲师、实习生、志愿者和研究员表示衷心的感谢：讲师 Lucy Anda，Marie Arnold，Kitty Benton，Barbara B. Brickman，Peri Clark，Patricia Corbin，Eileen Ekstract，Ronnie Grosbard，Ruth Henderson，Betsy Kahan，Susan Klein，Helen Lee，Rena Lustberg，Butzi Moffitt，Ellen Needham，Wendy Nolan，Patricia Peterson，Christine Petschek，Eleanore Schloss，Nancy Silbert，Charles Sroufe 和 DJ White；实习生 Joy Bloser，LuisColón-Torres，Marina K. Hays，Taylor Healy 和 Ya'ara Keydar；志愿者 Tomas Aviles，Barbara Lande，Rena Schklowsky，Judith Sommer 和 Diana Watson；还有研究员 Leanne Tonkin。

我特别感激由 Wendi Murdoch 主持并由 Eva Chen，Aerin Lauder Zinterhofer 和 Sylvana Ward Durrett 以及服装研究所访问委员会共同主持的 Friends of The Costune Institute 的持续支持。也衷心感谢 Lizzie 和 Jonathan Tisch 的不断友情帮助和鼓励。

我还要感谢大都会艺术博物馆各部门同事的帮助，包括 Mary F. Allen，Norman Kyle Althof，Jessica S. Bell，Barbara J. Bridgers，Joel Chatfield，Kimberly Chey，Nancy Chilton，Jennie Choi，Aileen Chuk，Mary Clark，Saul Cohen，Sharon H. Cott，Willa Cox，Elizabeth De Mase，Martha Deese，Cristina Del Valle，Anais Disla，Michael D. Dominick，Kimberly Drew，Rachel Ferrante，Elizabeth Katherine Fitzgerald，Leanne Graeff ，Vanessa Hagerbaumer，Ashley J. Hall，Doug Harrison，Christopher Heins，Marilyn B. Hernandez，Sandra Jackson-Dumont（Frederick P. 和 Sandra P. Rose 的教育主席），Heather L. Johnson，Bronwyn Keenan，Lawrence Kellermueller，Jaime Johnsen Krone，Amy Desmond Lamberti，Thomas Ling，Dan Lipcan，Matthew Lytle，Kristin MacDonald，Rebecca McGinnis，William Manzer，Ann Matson，Jennifer Mock，Lauren Moulder，Maria Nicolino，Alexis Patterson，Mario Piccolino，Mehgan Pizarro，Chiara Ponticelli，Maria-Cristina Rhor，Jose Rivero，Lauren Russell，Eugenia Santaella，Jessica M. Sewell，Jenn Sherman，Marianna Siciliano，Sean Simpson，Kenneth Soehner（Arthur K. Watson 首席图书管理员，Thomas J. Watson 图书馆），Crayton Sohan，Soo Hee H. Song，Elizabeth Stoneman，Loic Tallon，Charles Tantillo，Erin Thompson，Limor Tomer，Elyse Topalian，Maya Valladares，Kristen Vanderziel，Sheena Wagstaff（Leonard A. Lauder 主席，现代和当代艺术系），Donna Williams 和 Eric Wrobel。

我非常感谢 Comme des Garçons（Daphne Seybold）、京都服装学院（Rei Nii）、沃克艺术中心、明尼阿波利斯（Mary Coyne，Kayla Hagen）为本次展览出借服装。

特别感谢 Raul Avila，Yvonne Bannigan，Hamish Bowles，Takeda Chigako，Lisa Cipriano，Grace Coddington，Jasmine Contomichalos，Fiona Da Rin，James Gilchrist，Lady Amanda Harlech，Mark Holgate，Grace Hunt，Eaddy Kiernan，Hildy Kuryk，Ben Lindbergh，Peter Lindbergh，Kaori Matsubara，Toshiaki Oshiba，Corinne Pierre-Louis，Cara Sanders，Haruko Sekihara，Daphne Seybold，Ivan Shaw，Klara Widing，Denise Woo 和 Lynn Yaeger。

我要向 Paul Austin；Shannon Bell Price；Harry and Marion Bolton；Miranda，Ben，Issy 和 Emily Carr；Christine Coulson；Nathan Crowley；Brooke Cundiff 和 Michael Hainey；Alice Fleet；Kim Kassel；Harold Koda；Alexandra 和 William Lewis；Trino Verkade；Rebecca Ward；Sarah Jane Wilde；特别是 Thom Browne，表示衷心的感谢，感谢他们一直以来的支持。

Cooper Hewitt, Smithsonian Design Museum/Art Resource, New York;
photograph by Matt Flynn: 138

Photograph by © Nicholas Alan Cope: 39, 41–53, 55–59

© Julien d'Ys; photograph by Ilker Akyol:
10, 61, 73, 85, 101, 116, 123, 126, 144, 145, 148, 150, 159–160, 170, 174, 189–190, 194, 198–199

© Arthur Elgort; photograph by Heather Johnson, Imaging Department,
The Metropolitan Museum of Art: 30–31

© Hans Feurer; photograph by Heather Johnson, Imaging Department,
The Metropolitan Museum of Art: 28–29

© Timothy Greenfield-Sanders: 139, top and bottom

© Timothy Greenfield-Sanders; photograph by Heather Johnson,
Imaging Department, The Metropolitan Museum of Art: 140–141

Photograph by Inez and Vinoodh: 115, 117–122

Photograph by © Katerina Jebb: 63–69

Photograph by © Kazumi Kurigami:
143,146, 147, 149, 151, 153, 156, 157, 158, 161

© Sachiko Kuru; photograph by Heather Johnson, Imaging Department,
The Metropolitan Museum of Art: 20–21

© Peter Lindbergh: 22–27, 32–37, 40, 74, 98, 105, 107, 154–155

Photograph by © Ari Marcopoulos: 81–84, 87–91

Photograph by © Craig McDean: 93–97, 99–100

© Sheila Metzner: 112–117

3D rendering Courtesy of The Metropolitan Museum of Art: 12, 14

© Sarah Moon: 60

Photograph by © Brigitte Niedermair: 71–72, 75–79

Photograph by © Paolo Roversi: slipcase, 2, 4, 6, 3, 125, 127, 130–131, 134–135, 163–169, 171, 175–181, 183–188, 191, 193, 195–197, 200–201, 203–209, 241

Photograph by © Collier Schorr: 103–104, 106, 108–111

© Kishin Shinoyama; photograph by Heather Johnson, Imaging Department,
The Metropolitan Museum of Art: 128–129, 132–133, 136–137

© Takeyoshi Tanuma; photograph by Heather Johnson, Imaging Department,
The Metropolitan Museum of Art: 19

图片版权

图书在版编目（CIP）数据
川久保玲：边界之间的艺术 /
（英）安德鲁·博尔顿（Andrew Bolton）;（日）川久保玲著；王旖旎译．-- 重庆：
重庆大学出版社，2019.10（2021.6重印）
ISBN 978-7-5689-1607-3
Ⅰ．①川… Ⅱ．①安…②川…③王… Ⅲ．①服装设计—作品集—日本—现代 Ⅳ．①TS941.28
中国版本图书馆CIP数据核字（2019）第114856号

川久保玲：边界之间的艺术
CHUANJIUBAOLING: BIANJIE ZHIJIAN DE YISHU
［英］安德鲁·博尔顿 ［日］川久保玲 著
王旖旎 译

策划编辑 张 维 责任校对 万清菊
责任编辑 李桂英 书籍设计 M^{OO} Design
责任印刷 张 策

重庆大学出版社出版发行
出版人：饶帮华
社 址：重庆市沙坪坝区大学城西路21号
电 话：(023)88617190 88617185（中小学）
传 真：(023)88617186 88617166
网 址：http://www.cqup.com.cn
邮 箱：fxk@cqup.com.cn（营销中心）
全国新华书店经销
印 刷：天津图文方嘉印刷有限公司

开本：889mm × 1194mm 1/8 印张：31 字数：750千
2019年10月第1版 2021年6月第3次印刷
ISBN 978-7-5689-1607-3 定价：399.00元